AF854263

RUDOLF JULIUS CLAUSIUS

DE LA FONCTION POTENTIELLE ET DU POTENTIEL

Elibron Classics
www.elibron.com

Elibron Classics series.

ISBN 1-4212-0516-5 (paperback)
ISBN 1-4212-0515-7 (hardcover)

This Elibron Classics Replica Edition is an unabridged facsimile of the edition published in 1870 by Gauthier-Villars, Paris.

DE LA

FONCTION POTENTIELLE

ET

DU POTENTIEL.

PARIS. — IMPRIMERIE DE GAUTHIER-VILLARS,
Rue de Seine-Saint-Germain, 10, près l'Institut

INTRODUCTION A LA PHYSIQUE MATHÉMATIQUE.

DE LA

FONCTION POTENTIELLE

ET

DU POTENTIEL,

PAR R. CLAUSIUS,

PROFESSEUR A L'UNIVERSITÉ DE BONN, CORRESPONDANT DE L'INSTITUT DE FRANCE.

TRADUIT DE L'ALLEMAND

PAR F. FOLIE,

Professeur à l'École industrielle de Liége, Correspondant de l'Académie royale de Belgique.

PARIS,

GAUTHIER-VILLARS, IMPRIMEUR-LIBRAIRE

DU BUREAU DES LONGITUDES, DE L'ÉCOLE IMPÉRIALE POLYTECHNIQUE,

SUCCESSEUR DE MALLET-BACHELIER,

Quai des Augustins, 55.

1870

PRÉFACE DU TRADUCTEUR.

On a pu voir dans le second volume des Mémoires de M. Clausius sur la théorie mécanique de la chaleur l'importance capitale du *potentiel* dans l'étude mathématique des phénomènes électriques. Aussi, dans la Préface que nous écrivions pour la traduction de ce second volume, nous prenions l'engagement de faire passer dans la langue française le Traité tout didactique composé par M. Clausius *sur la fonction potentielle et le potentiel*, certain que nous étions que cette théorie reprendrait bientôt en France les droits légitimes que lui donnent et sa puissance analytique et son origine.

Personne n'ignore en effet que cette théorie, bien plus cultivée aujourd'hui en Allemagne et en Angleterre qu'elle ne l'est en France, doit son origine à Laplace, quoiqu'on en ait quelquefois attribué la découverte à Lagrange. La première mention en a été faite, croyons-nous, dans le tome X des *Mémoires des Savants étrangers* (ancienne Académie des Sciences), par Legendre, qui déclare devoir à Laplace l'idée nouvelle dont il fait usage. On la retrouve ensuite dans un Mémoire de Laplace inséré parmi ceux de l'Académie pour 1782, et il en signale les principales propriétés dans sa *Mécanique céleste*, livres II et III. Depuis lors, Legendre, Lagrange, et, dans les temps plus modernes, Sturm, Chasles et Liouville s'en sont occupés spécialement dans l'étude de l'attraction.

Poisson l'a appliquée également à l'étude de la distribution de l'électricité et du magnétisme.

Parmi les physiciens français contemporains, Lamé est le seul, pensons-nous, qui ait fait usage des propriétés de la fonction potentielle, et c'est probablement lui qui a imaginé les notations $\Delta_1 F$ et $\Delta_2 F$: il s'en sert, dans ses *Leçons sur les coordonnées curvilignes*, pour désigner les deux fonctions

$$\sqrt{\left(\frac{dF}{dx}\right)^2+\left(\frac{dF}{dy}\right)^2+\left(\frac{dF}{dz}\right)^2} \quad \text{et} \quad \frac{d^2F}{dx^2}+\frac{d^2F}{dy^2}+\frac{d^2F}{dz^2},$$

qui restent invariables quel que soit le système de coordonnées rectangulaires (rectilignes ou curvilignes) dont on fait usage; par analogie avec les propriétés de la fonction potentielle, il a proposé d'appeler $\Delta_1 F$ la *force*, et $\Delta_2 F$ l'*augment* de la *fonction de point* F.

En Allemagne et en Angleterre les savants font, au contraire, depuis longtemps usage des propriétés de cette fonction; et il n'est pas un de leurs Ouvrages traitant des forces naturelles attractives ou répulsives, où ces propriétés ne jouent un rôle essentiel. Il nous suffira de citer ici les travaux de Green, Gauss, Neumann, Kirchhoff, Helmholtz, Clausius, W. Thomson, sur la théorie mathématique de l'électricité ou du magnétisme.

Ces Ouvrages ne sont pas lus en France autant qu'ils le méritent, à cause de l'espèce d'abandon où cette théorie est tombée dans ce pays, quoique le travail de Gauss ait été traduit dans le *Journal de Liouville* peu de temps après sa publication.

Nous avons donc pensé que nous rendrions un véritable service aux savants français en publiant la traduction du Traité de M. Clausius, Traité qui diffère considérablement de ceux qui l'ont précédé, et dont la première édition a été rapidement épuisée en Allemagne.

L'essai de Green, qui a paru en 1828 à Nottingham et qui est réimprimé (en anglais) dans le *Journal de Crelle,* expose d'une manière simple, mais sans aborder les difficultés d'analyse que présente la théorie, les propriétés de la fonction potentielle, et les applique immédiatement à la distribution de l'électricité et du magnétisme.

Celui de Gauss est plus général ; il aborde de front les difficultés analytiques, et applique les résultats à la déduction d'un certain nombre de théorèmes particuliers, spécialement sur la distribution de l'agent sur une surface.

Sa théorie a été étendue et simplifiée par Liouville et Clausius.

On verra que ce dernier, qui est connu surtout comme grand physicien, se montre dans cet Ouvrage un analyste délicat et profond; et, à ce point de vue seul, son Livre mérite déjà d'être médité. Pour la théorie en elle-même, il en a éclairci deux idées fondamentales : d'abord, il a, le premier, distingué d'une manière nette la fonction potentielle du potentiel, et montré la signification précise qu'on doit attribuer à ces deux fonctions, si importantes dans la Mécanique et dans la Physique mathématique; ensuite, il a également élucidé l'idée du potentiel d'une masse sur elle-même, et restitué à ce potentiel sa véritable valeur, que des savants d'un grand mérite avaient erronément doublée.

Pour faire saisir exactement la signification du potentiel et la raison de son introduction et de son importance en Mécanique, l'Auteur a exposé en quelques mots les principes fondamentaux de cette science, en y introduisant des considérations nouvelles sur leur portée : le principe des vitesses virtuelles, ou, comme il l'appelle plus exactement, des *mouvements virtuels;* le principe de d'Alembert, et le principe des forces vives.

Nous ne croyons pas nécessaire de résumer ici l'exposition que l'Auteur fait de ces principes et de leur application, par le moyen de l'introduction du potentiel, à la détermination du travail ou des conditions d'équilibre; et nous sommes persuadé qu'on lira avec le plus grand intérêt cette partie de l'Ouvrage.

Il serait très-souhaitable, pour que l'étude de la Physique mathématique fît des progrès en France, que cet Ouvrage de M. Clausius y devînt tout à fait classique; et c'est le désir que nous avons de contribuer à la réalisation de ces progrès qui nous a engagé à le traduire.

Ce savant a bien voulu revoir, avec le plus grand soin, notre traduction ainsi que les épreuves; nous le prions d'agréer nos meilleurs remercîments pour cette nouvelle marque de bienveillance.

F. FOLIE.

Liége, février 1870.

PRÉFACE DE L'AUTEUR.

Dans la Préface que j'ai écrite pour la première édition de cet Ouvrage, qui a paru en 1859, j'ai exposé les raisons pour lesquelles j'ai cru utile de le composer et de le publier; je pense qu'il serait superflu de les répéter ici, puisque la nécessité d'une seconde édition prouve suffisamment que ce travail répondait à un besoin qui se faisait généralement sentir.

Il est destiné à familiariser le lecteur, d'une manière aussi simple que possible, avec la *fonction potentielle*, dont les propriétés ont été surtout établies par Green (1) et par Gauss (2); et il en expose, par suite, la signification, qui est fondée sur les équations fondamentales de la Mécanique, les conditions dans lesquelles cette fonction est applicable, et les théorèmes les plus importants qui y sont relatifs. A l'étude de cette fonction se rattache en même temps celle d'une autre quantité, dont Green ne parle pas, et que Gauss ne mentionne qu'accidentellement et d'une manière incomplète, c'est-à-dire le *potentiel*, qui se déduit de la fonction potentielle par l'intégration, et qui joue un grand rôle en Physique mathématique

(1) *An Essay on the Application of mathematical Analysis to the theories of Electricity and Magnetism*, by George GREEN. Nottingham, 1828. Réimprimé dans le *Journal de Crelle*, t. XLIV et XLVII.

(2) *Allgemeine Lehrsätze in Beziehung auf die im verkehrten Verhältnisse des Quadrats der Entfernung wirkenden Anziehungs- und Abstossungskräfte.* Resultate aus den Beobachtungen des magnetischen Vereins im Jahre 1839.

comme étant l'expression du travail mécanique effectué par les forces naturelles.

Tandis que notre travail s'étend plus sur ce sujet que ceux de Green et de Gauss, il est dans un autre sens plus limité. Gauss, après avoir démontré les principes fondamentaux, en a déduit une série de théorèmes sur les forces qui agissent en raison inverse du carré de la distance; et Green a immédiatement appliqué sa théorie générale, qui est assez brièvement exposée, à l'électricité et au magnétisme. Ces développements ne rentraient pas dans le plan que je m'étais tracé; et, pour ne pas trop étendre le cadre de cet Ouvrage, j'ai préféré les omettre.

Comme on le voit par ce qui précède, il ne s'agit pas dans ce travail de recherches nouvelles sur les propriétés fondamentales de la fonction potentielle et du potentiel, mais essentiellement de l'exposition d'une théorie existante; toutefois on trouvera peut-être certains points nouveaux, notamment dans le mode d'exposition et de démonstration.

Quant aux modifications assez nombreuses apportées à cette nouvelle édition, elles ont consisté surtout à compléter certaines parties du travail. En cela, je n'ai pas eu pour but d'étendre le domaine du sujet, mais plutôt de donner à ces parties plus de clarté et d'évidence, en les traitant d'une manière plus étendue, et en les éclairant sous différentes faces. De cette manière, l'Ouvrage, qui, dans la première édition, avait quelque peu l'apparence d'un Mémoire mathématique, s'est rapproché davantage de la forme d'un Traité didactique, ce qui contribuera, je l'espère, à en augmenter l'utilité.

R. CLAUSIUS.

Zurich, octobre 1866.

TABLE DES MATIÈRES.

I. — DE LA FONCTION POTENTIELLE.

II. — DU POTENTIEL.

ADDITIONS.

FIN DE LA TABLE DES MATIÈRES.

ERRATUM.

Page 125 : *Lire* le titre du § XLVI tel qu'il est énoncé dans la Table des matières.

DE LA

FONCTION POTENTIELLE

ET

DU POTENTIEL.

DE LA

FONCTION POTENTIELLE.

§ I.

POINT DE DÉPART DES RECHERCHES.

Pour reconnaître clairement la signification de la *fonction potentielle* et la raison de son introduction dans la Mécanique et dans la Physique mathématique, il sera utile de partir d'un peu plus haut, et de considérer d'abord une fonction générale qui sert à représenter d'une manière simple, dans une grande classe de forces mécaniques, les quantités nécessaires à leur détermination. En spécialisant alors les forces d'une manière conforme aux lois naturelles, nous arriverons par là même à la notion de la fonction potentielle.

§ II.

CONDITIONS QUI DOIVENT ÊTRE SUPPOSÉES REMPLIES.

Soit donné dans l'espace un point mobile p, de coordonnées x, y, z, sur lequel agissent des forces arbitraires que nous supposerons composées en une résultante P. Cette force, outre qu'elle peut varier avec le temps en un lieu déterminé de l'espace, sera à un instant déterminé en général différente en différents lieux de l'espace. Afin de la déterminer complétement, à un instant donné, pour tous les lieux de l'espace, nous devrons nous donner trois fonctions des coordonnées, l'une qui détermine la grandeur de la force, et les deux autres sa direction. Si nous supposons la résultante P décomposée en trois forces X, Y, Z agissant suivant les trois axes, nous pourrons également dire : Pour déterminer complétement la force, on doit donner ces trois composantes en fonction des coordonnées.

Lorsqu'il est question de forces quelconques, ces trois fonctions peuvent être regardées comme tout à fait indépendantes l'une de l'autre, puisqu'on peut composer trois forces quelconques en une seule. Mais si l'on considère les forces qui se présentent dans la nature, on trouve qu'il existe très-souvent entre leurs composantes une relation particulière, qui consiste en ce qu'elles peuvent être représentées par les trois coefficients différentiels d'une seule et même fonction des coordonnées. Dans ces cas, on pourra donc écrire, en représentant par U cette fonction,

$$(1) \qquad X = \frac{dU}{dx}, \quad Y = \frac{dU}{dy}, \quad Z = \frac{dU}{dz}.$$

Pour que ces relations aient lieu, on sait que les fonctions X, Y, Z doivent satisfaire aux conditions suivantes :

$$(2) \qquad \frac{dX}{dy} = \frac{dY}{dx}, \quad \frac{dY}{dz} = \frac{dZ}{dy}, \quad \frac{dZ}{dx} = \frac{dX}{dz}.$$

D'apres cela, les fonctions de cette espèce ne forment qu'un cas très-particulier parmi toutes les fonctions mathématiquement possibles. Néanmoins, ce cas est de la plus grande importance dans la considération des phénomènes naturels, parce qu'il embrasse, comme nous le verrons plus bas, une classe de forces qui ont déjà joué jusqu'à ce jour un très-grand rôle en Physique, et qui ont probablement une signification encore beaucoup plus générale que celle qu'on leur a attribuée auparavant.

§ III.

DÉTERMINATION SIMPLE DES QUANTITÉS RELATIVES A LA FORCE AU MOYEN DE LA FONCTION U.

Lorsque cette relation a lieu entre les composantes de la force, l'étude de cette force et de ses effets en est considérablement simplifiée. Tandis que, dans le cas général, on doit introduire dans le calcul trois fonctions données isolément, on n'a affaire actuellement qu'à une seule fonction, de laquelle peuvent se déduire d'une manière simple toutes les quantités relatives à la force.

Comme on le voit aisément, la force totale P qui agit sur le point p est, en vertu des équations (1), représentée par

$$P = \sqrt{\left(\frac{dU}{dx}\right)^2 + \left(\frac{dU}{dy}\right)^2 + \left(\frac{dU}{dz}\right)^2}, \tag{3}$$

et les angles que cette force fait avec les trois axes, angles dont les cosinus seront désignés par a, b, c, sont déterminés par les équations

$$a = \frac{\frac{dU}{dx}}{P}, \quad b = \frac{\frac{dU}{dy}}{P}, \quad c = \frac{\frac{dU}{dz}}{P}. \tag{4}$$

On peut également exprimer d'une manière très-simple la composante S de la force P, estimée suivant une direction donnée s. Soit en effet φ l'angle que la direction s fait avec celle de la force, on aura

$$S = P\cos\varphi,$$

ou bien, en appelant α, β, γ les cosinus des angles que la direction s fait avec les trois axes,

$$S = P\ a\alpha + b\beta + c\gamma\ .$$

Les trois cosinus a, b, c sont déjà déterminés par les équations (4), et les trois autres sont également faciles à exprimer.

En effet, les numérateurs des coefficients différentiels $\frac{dx}{ds}$, $\frac{dy}{ds}$ et $\frac{dz}{ds}$ exprimant les accroissements que subissent les coordonnées du point p lorsque celui-ci a parcouru un élément de chemin ds dans la direction s, on aura

$$(5) \qquad \alpha = \frac{dx}{ds}, \quad \beta = \frac{dy}{ds}, \quad \gamma = \frac{dz}{ds}.$$

En substituant la valeur des six cosinus dans l'équation précédente, elle devient

$$S = \frac{dU}{dx}\frac{dx}{ds} + \frac{dU}{dy}\frac{dy}{ds} + \frac{dU}{dz}\frac{dz}{ds};$$

tout le second membre peut se remplacer simplement par le coefficient différentiel $\frac{dU}{ds}$, où le numérateur dU représente l'accroissement que subit U en vertu de ce que le point p a parcouru dans la direction s l'élément de chemin ds. On obtient donc

$$(6) \qquad S = \frac{dU}{ds},$$

c'est-à-dire que, pour la direction quelconque s, on a une relation de même forme que les relations (1) qui ont été supposées pour les trois directions des coordonnées.

§ IV.

REPRÉSENTATION GÉOMÉTRIQUE AU MOYEN DES SURFACES DE NIVEAU. LA FONCTION U NOMMÉE « FONCTION DE FORCE ».

La fonction U peut servir en outre à représenter géométriquement la direction et la grandeur de la force.

Si nous écrivons

$$(7) \qquad U = A,$$

où A représente une constante, cette équation sera celle d'une surface. En la différentiant, on obtient

$$\frac{dU}{dx}dx + \frac{dU}{dy}dy + \frac{dU}{dz}dz = 0.$$

Dans cette équation, dx, dy et dz sont les composantes d'un déplacement élémentaire ds, que le point p peut subir sur la surface s'il est assujetti à y demeurer. Si nous divisons cette équation par $P\,ds$, elle devient

$$(8) \qquad \frac{\frac{dU}{dx}}{P}\frac{dx}{ds} + \frac{\frac{dU}{dy}}{P}\frac{dy}{ds} + \frac{\frac{dU}{dz}}{P}\frac{dz}{ds} = 0.$$

Les deux facteurs de chacun des termes du premier membre représentent d'après les équations (4) et (5 les cosinus des angles que la force P et le déplacement ds font avec l'un des axes. D'après cela, le premier membre représente le cosinus de l'angle de la force avec le déplacement, et comme ce cosinus est nul en vertu de l'équation, cet angle est droit.

Il en est de même pour tout déplacement que le point p peut subir sur la surface à partir de sa position initiale, et il s'ensuit que la force qui agit en ce point est normale à la surface; il en est naturellement de même dans tous les points de la surface. Il en résulte que la surface représentee par l'équation (7) jouit de la propriété de déterminer par ses normales la direction de la force qui agit en chacun de ses points. Elle joue donc, relativement à la force considérée, le même rôle que la surface d'un liquide en équilibre relativement à la pesanteur, et on la nomme pour cette raison *surface de niveau.*

Si l'on ajoute à la constante A une constante infiniment petite α, la nouvelle équation résultante

$$U = A + \alpha$$

représentera une seconde surface qui sera en général infiniment voisine de la première et jouira des mêmes propriétés qu'elle. Si nous désignons par ε la plus courte distance de ces deux surfaces en un point quelconque, la fraction $\frac{\alpha}{\varepsilon}$ ne sera évidemment autre chose que le coefficient différentiel $\frac{dU}{dn}$, où n désigne la normale élevée au point considéré à la première surface vers la seconde. Ce coefficient différentiel représente la composante de la force estimée suivant la normale, et puisque la force elle-même est, d'après ce qui précède, normale à la surface, ce coefficient différentiel, abstraction faite du signe, représentera la force qui agit en ce point. Le coefficient différentiel sera positif ou négatif, c'est-à-dire la force sera dirigée de la première surface vers la seconde, ou *vice versâ*, selon qu'on aura choisi pour α une quantité positive ou négative. En adoptant la première supposition, nous pourrons écrire

$$P = \frac{\alpha}{\varepsilon}. \tag{9}$$

Dans cette fraction, ε seul dépend de la position du point considéré sur la surface, tandis que α est constant, et il s'ensuit que la force qui agit aux différents points de la première surface est inversement proportionnelle à la distance de la seconde surface.

On voit en même temps que si la force est finie en tous les points de la surface, les deux surfaces ne peuvent pas se couper, puisque pour la ligne d'intersection ε serait nul et, par suite, P infini.

Imaginons maintenant qu'on ait construit un système complet de semblables surfaces, dont chacune ne diffère de la précédente qu'en ce que la constante a reçu un accroissement infiniment petit qui est le même dans tous les cas, ces surfaces feront reconnaître en chaque lieu de l'espace, par leur direction et leur distance mutuelle, la direction et la grandeur de la force.

La fonction U, qui, d'après ce qui précède, fournit d'une manière si simple tous les éléments nécessaires à la détermination de la force, recevra le nom de *fonction de force* (*force function*), qui lui a été donné par Hamilton.

§ V.

CAS FONDAMENTAL DANS LEQUEL IL EXISTE UNE FONCTION DE FORCE.

Parmi les cas dans lesquels il existe une fonction de force, le plus important est celui dans lequel la force qui agit sur le point donné peut se décomposer en forces centrales, c'est-à-dire en forces attractives ou répulsives, qui partent de points déterminés de l'espace et agissent également en tous sens autour de ceux-ci, de sorte que leur intensité ne dépend que de la distance.

Soit p' l'un de ces points, de coordonnées x', y', z'; et soit r la distance entre p et p', de sorte que

$$(10) \qquad r = \sqrt{(x'-x)^2+(y'-y)^2+(z'-z)^2};$$

l'intensité de la force devra pouvoir se représenter par une fonction de r; représentons-la par $f(r)$, et convenons qu'une valeur positive de cette fonction représente une force attractive, et une valeur négative, une force répulsive. La direction de la force est déterminée par la position relative des deux points, et les cosinus des angles que la direction positive de la force fait avec les trois axes sont donnés par

$$\frac{x'-x}{r}, \quad \frac{y'-y}{r}, \quad \frac{z'-z}{r}.$$

De là se déduisent immédiatement les composantes de la force suivant les trois axes. En nous bornant à la composante suivant l'axe des x, nous aurons

$$X = f(r)\frac{x'-x}{r}.$$

Or, d'après (10), on a

$$\frac{dr}{dx} = -\frac{x'-x}{r},$$

et, par suite, l'équation précédente devient

$$X = -f(r)\frac{dr}{dx}.$$

Introduisons maintenant une nouvelle fonction de r qui soit l'intégrale négative de la précédente, et posons

$$(11) \qquad F(r) = -\int f(r)\,dr,$$

d'où résulte

$$\frac{dF(r)}{dr} = -f(r).$$

Puisque r est fonction des coordonnées x, y, z du point p, il résulte que $F(r)$ sera également fonction de ces quantités; et nous pourrons écrire

$$\frac{dF(r)}{dx} = \frac{dF(r)}{dr}\frac{dr}{dx} = -f(r)\frac{dr}{dx}.$$

Cette dernière expression est la même que celle que nous avons trouvée précédemment pour la composante X. Ce résultat s'applique naturellement aux deux autres composantes, et nous obtiendrons, par suite, les équations

$$(12) \qquad X = \frac{dF(r)}{dx}, \quad Y = \frac{dF(r)}{dy}, \quad Z = \frac{dF(r)}{dz}.$$

On voit par là que $F(r)$, considéré comme fonction de x, y, z, est la fonction de force pour le cas actuel.

On peut étendre immédiatement ce résultat au cas où plusieurs points agissent simultanément sur le point p. Soit p' un second point, r_1 sa distance au point p, et représentons par $f_1(r_1)$ l'intensité de la force qu'il exerce; commençons par former la fonction

$$F_1(r_1) = -\int f(r_1)\,dr_1;$$

nous pourrons représenter la composante de cette force suivant l'axe des x par $\frac{dF(r)}{dx}$. Il en est de même pour un troisième, quatrième,... point, et, par suite, quel que soit le nombre de points qui agissent, la composante de la force totale suivant l'axe des x sera représentée par une expression de la forme

$$X = \frac{dF(r)}{dx} + \frac{dF_1(r_1)}{dx} + \frac{dF_2(r_2)}{dx} + \dots$$
$$= \frac{d}{dx}[F(r) + F_1(r_1) + F_2(r_2) + \dots],$$

ou, en réunissant toutes ces fonctions sous le signe sommatoire,

$$X = \frac{d}{dx}\sum F(r).$$

On obtiendra, pour les deux autres composantes, des expressions analogues, et la somme des fonctions restera la même dans les trois cas. Des quantités r, r_1, r_2,..., qui entrent dans cette somme, chacune renferme les coordonnées de l'un des points agissants, et, en outre, elles renferment toutes les coordonnées x, y, z du point p, qui subit ces actions. De même que chacune des fonctions, nous pouvons donc aussi considérer leur somme comme une fonction de x, y, z, et nous poserons, pour abréger,

(13) $$U = \sum F(r).$$

Nous aurons alors

(14) $$X = \frac{dU}{dx}, \quad Y = \frac{dU}{dy}, \quad Z = \frac{dU}{dz},$$

et, par conséquent, U est la fonction de force.

§ VI.

LIMITATION A DES FORCES QUI AGISSENT EN RAISON INVERSE DU CARRÉ DE LA DISTANCE, ET RÉDUCTION DES FORCES A DES AGENTS.

Nous allons spécialiser encore davantage nos hypothèses sur la force.

Nous admettrons que les forces attractives et répulsives, dont nous avons seulement supposé jusqu'à présent qu'elles pouvaient se représenter par une fonction quelconque de la distance, sont *inversement proportionnelles aux carrés des distances.*

En outre, nous ne parlerons plus simplement de points qui s'attirent ou se repoussent mutuellement, mais nous admettrons qu'il se trouve en ces points quelque chose qui exerce ou subit l'action. Ce pourra être, par exemple, une masse pondérable qui exerce une force attractive suivant la loi ordinaire de la gravitation, ou de l'électricité, ou du magnétisme. Comme nous ne connaissons rien de certain sur la nature de ces dernières, et qu'en outre il est utile de donner à l'exposition une généralité telle, qu'elle puisse embrasser également d'autres cas encore inconnus, nous choisirons une dénomination telle, qu'elle ne renferme rien d'hypothétique, mais qu'elle exprime seulement le pouvoir d'exercer une action. Le mot *agent*, usité du reste, me paraît très-propre à ce but. Relativement à un agent, nous supposerons seulement qu'il peut se déterminer quantitativement, et que la force qu'exerce une certaine quantité d'un agent est, toutes choses égales, proportionnelle à cette quantité.

Dans l'état actuel de nos connaissances, nous pouvons supposer que ce sont seulement des agents *de même nature* qui exercent l'un sur l'autre une attraction ou une répulsion qui suit les lois précédentes. C'est ainsi qu'une masse pondérable agit sur une masse pondérable, de l'électricité sur de l'électricité, du magnétisme sur du magnétisme; et dans des cas où il semble que des agents différents agissent de la même manière l'un sur l'autre, ou bien où il règne des doutes sur l'origine réelle des forces, il reste toujours encore (d'après tout ce qu'on sait jusqu'à présent), en ce qui regarde du moins l'analyse mathématique du sujet, la possibilité de faire sur les agents actifs des hypothèses telles, qu'il suffit de considérer seulement entre des agents de même nature des forces qui s'exercent suivant les lois précédentes. Néanmoins il n'est pas nécessaire de borner tout d'abord nos formules à des agents de même nature, parce que nous pourrons plus tard introduire très-aisément cette restriction.

Soient donc données deux quantités (*) quelconques d'agents qui agissent l'un sur l'autre, et que nous supposerons provisoirement concentrés en des points déterminés p et p'. Soit q la quantité qui se trouve en p mesurée au moyen d'une certaine unité, et q' la quantité qui se trouve en p' et qui sera naturellement mesurée au moyen de la même unité, si elle appartient au même agent, et au moyen d'une unité particulière dans le cas contraire. La force que ces deux quantités exercent l'une sur l'autre doit se représenter, d'après nos hypothèses, par la formule

$$(15) \qquad f(r) = e\,\frac{qq'}{r^2},$$

où e est une quantité qui dépend de la nature des agents et des unités choisies. De ce que ce coefficient peut être positif ou négatif, résulte la distinction entre l'attraction et la répulsion. Si l'on substitue l'expression précédente dans l'équation (11) qui sert a la détermination de la fonction de force, on obtient

$$16) \qquad \mathrm{F}(r) = -\int e\,\frac{qq'}{r^2}\,dr = e\,\frac{qq'}{r}.$$

Imaginons maintenant que sur la quantité q agissent, non

(*) J'evite a dessein le mot *masse*, parce que cette notion est liee a l'idee d'inertie, et que celle-ci sert de mesure a la masse, tandis que l'inertie n'est pas necessairement liee a la notion d'un agent actif, et que, dans les cas où elle existe, elle peut être mesuree au moyen d'une unite differente de celle que l'on emploie pour la determination de la force exercee.

pas une seule, mais plusieurs quantités q', q'_1, $q'_2, \ldots$, qui peuvent être entre elles de même nature ou de natures différentes; en considérant d'abord, pour plus de généralité, ce dernier cas, et regardant, par suite, les coefficients e comme inégaux, nous aurons pour la fonction de force totale

$$(17) \qquad U = q\left(e\frac{q'}{r} + e_1\frac{q'_1}{r_1} + e_2\frac{q'_2}{r_2} + \ldots\right) = q\sum e\frac{q'}{r}.$$

Si, au contraire, les quantités actives sont entre elles de même nature, e aura pour toutes la même valeur, et pourra, par suite, sortir du signe sommatoire, ce qui donnera

$$(18) \qquad U = qe\sum\frac{q'}{r}.$$

Si l'agent actif n'est pas, comme nous l'avons admis jusqu'à présent, concentré en des points isolés, mais qu'il remplisse complétement un certain espace, nous le supposerons partagé en éléments dq', et nous rapporterons la distance r à chaque élément, ou, plus rigoureusement, à un point de chaque élément; de sorte que la somme se transformera en une intégrale

$$(19) \qquad U = qe\int\frac{dq'}{r}.$$

Il est évident que cette transformation de l'expression précédente peut se faire sans qu'elle perde par là sa signification comme fonction de force, aussi longtemps que le point p se trouve en dehors de l'espace rempli par l'agent actif; de sorte que la distance r ne devient, pour aucun élément dq', ni nul, ni comparable aux dimensions de l'élément. On peut, en effet, se représenter chaque élément de l'agent qui occupe un élément de l'espace comme concentré en un point quelconque de celui-ci, sans que l'action que l'élément exerce sur l'agent supposé concentré en p en soit altérée d'une façon appréciable. Pour l'autre cas, celui dans lequel p se trouve à l'intérieur de cet espace, nous aurons à démontrer la validité de l'expression (19) comme fonction de force, et nous admettrons provisoirement cette validité pour ce cas même.

L'expression (19) est plus générale que (18) et la renferme comme cas particulier, puisque l'intégration peut aussi s'effectuer dans le cas où des quantités finies se trouvent concentrées en des points isolés.

§ VII.

HYPOTHÈSES DANS LESQUELLES LA FONCTION DE FORCE DEVIENT FONCTION POTENTIELLE.

Aux hypothèses que nous avons faites jusqu'à présent, ajoutons enfin les deux suivantes : 1° que l'agent qui se trouve au point p, qui subit l'action, est de même nature que celui qui l'exerce; et 2° que la quantité de cet agent n'est pas arbitraire, mais qu'elle est égale à l'*unité* : alors la fonction de force ainsi simplifiée sera celle que nous nommons *fonction potentielle*. Désignons celle-ci, pour la distinguer, par V, et remplaçons, pour ce cas, le coefficient précédent e par ε; suivant que l'agent actif sera concentré en des points isolés ou occupera entièrement un certain espace, nous aurons à poser

$$\text{(I)} \qquad V = \varepsilon \sum \frac{q'}{r},$$

$$\text{(I}a\text{)} \qquad V = \varepsilon \int \frac{dq'}{r}.$$

Nous pouvons donc définir de la manière suivante la notion de la fonction potentielle : *La fonction de force d'un agent qui agit par attraction ou répulsion en raison inverse du carré de la distance, rapportée à une unité du même agent, supposée concentrée en un point, s'appelle* fonction potentielle.

De là résulte que les coefficients différentiels

$$\frac{dV}{dx}, \quad \frac{dV}{dy}, \quad \frac{dV}{dz}$$

représentent les trois composantes de la force que l'agent exercerait sur une unité du même agent supposée concentrée en un point x, y, z. Si, en ce point, se trouve une quantité q de l'agent, les composantes de la force exercée sur cette quantité seront

$$q\frac{dV}{dx},\quad q\frac{dV}{dy},\quad q\frac{dV}{dz}.$$

On voit qu'entre ces trois quantités et les précédentes, il existe la même différence que celle qu'on exprime, pour des masses pondérables, par les mots de *force accélératrice* et *force motrice*.

§ VIII.

MESURE DES AGENTS ET DÉTERMINATION DU COEFFICIENT ε.

Pour pouvoir calculer, au moyen des équations (I) et (Ia), la fonction potentielle pour les différents cas auxquels elle peut s'appliquer, il suffira de déterminer encore la manière dont les quantités des différents agents doivent se mesurer, et la valeur qu'acquerra la quantité ε.

Pour des masses pondérables qui s'attirent selon les lois de la gravitation, ε est positif, et sa valeur numérique doit être déterminée de telle sorte qu'il représente l'attraction qu'exercent l'une sur l'autre deux unités de masse à l'unité de distance.

Pour l'électricité, on sait qu'on en distingue deux espèces qui jouissent de cette propriété, que des quantités de même espèce se repoussent et que des quantités d'espèces différentes s'attirent. Quant à la question de savoir si les deux électricités doivent être réellement considérées comme deux agents différents, ayant chacun son existence propre, ou si les phénomènes peuvent s'expliquer aussi par l'existence d'un agent unique, elle est indifférente à nos recherches actuelles. Il ne s'agit ici que d'introduire l'électricité dans les formules, de telle sorte que les forces qu'elle exerce soient représentées exactement. Les expressions mathématiques ainsi formées conservent leur validité, même dans le cas où l'idée qu'on se fait de l'essence de l'électricité viendrait à se modifier. Pour pouvoir représenter par une seule formule, d'après laquelle

ε conserve toujours le même signe, toutes les forces auxquelles on a affaire en électrostatique, quoiqu'elles soient, suivant les cas, attractives ou répulsives, il suffit de faire porter la différence des signes sur les quantités d'électricité elles-mêmes, en considérant les quantités de l'une des électricités comme positives et celles de l'autre comme négatives. Alors la force qu'exercent l'une sur l'autre deux quantités d'électricité q et q' concentrées en deux points sera représentée par la formule

$$\varepsilon \frac{qq'}{r^2},$$

dans laquelle ε est une quantité invariable et négative, parce que, quand q et q' sont de même signe, l'expression doit devenir négative pour correspondre à une répulsion.

Dans cette manière d'introduire dans le calcul les quantités des deux électricités différentes, on peut nommer en somme l'électricité un *agent répulsif*, parce que c'est la manière d'être des quantités positives qui sert de norme pour la dénomination, et que les modifications que la force éprouve, en ce que l'une de ces quantités, ou toutes les deux, deviennent négatives, se comprennent d'elles-mêmes. Si l'on veut déterminer la fonction potentielle pour un nombre quelconque de quantités d'électricité, en partie positives, en partie négatives, on pourra étendre l'intégrale de l'équation (Ia) à toutes les quantités d'électricité données, en comptant positivement ou négativement les éléments dq', suivant l'espèce des quantités d'électricité correspondantes. La fonction potentielle ainsi obtenue se rapporte alors à une unité d'électricité *positive* supposée concentrée au point p.

Dans la détermination des forces magnétiques, on peut de même, sans faire aucune hypothèse sur la nature réelle du magnétisme, regarder le magnétisme boréal et l'austral comme deux agents qui se comportent, relativement à leurs actions mutuelles, de la même manière que les deux espèces d'électricité. Nous introduirons les quantités de l'un, du magnétisme boréal par exemple, comme positives, et celles de l'autre comme négatives dans le calcul; alors ε conservera une valeur invariable, et la fonction potentielle que nous obtiendrons se rapportera à une unité de magnétisme boréal supposée concentrée au point p.

La quantité ε est, pour tous ces cas, comme nous l'avons déjà dit pour le cas de masses pondérables, *la force attractive qu'exercent l'une sur l'autre, à l'unité de distance, deux unités de l'agent considéré :* une force répulsive étant regardée comme une force attractive négative. Lorsque, pour un agent, l'unité de mesure n'est pas donnée d'avance, mais peut être choisie arbitrairement, on pourra encore introduire une simplification. Si l'on chosit, en effet, pour unité de l'agent, *la quantité qui exerce à l'unité de distance, sur une quantité égale du même agent, une action égale à l'unité de force,* la valeur absolue de ε sera égale à l'unité; et quant au signe, pour les cas de masses pondérables, on fera $\varepsilon \quad +1$; pour l'électricité et le magnétisme, au contraire, $\varepsilon \quad -1$. Toutefois, nous n'admettrons provisoirement aucune détermination particuliere de l'unité des agents, et nous conserverons, par suite, le signe général ε.

§ IX.

SUR LE NOM DE « FONCTION POTENTIELLE » ET SUR LE SIGNE EMPLOYÉ DANS LA DÉTERMINATION DE CETTE FONCTION.

Avant d'entrer dans d'autres développements sur notre fonction, nous ferons encore quelques remarques sur sa dénomination et sur son signe.

Le nom de *fonction potentielle* a été imaginé par Green. Gauss, qui a plus tard fait une étude spéciale de la même fonction, l'a nommée plus brièvement *potentiel,* mais j'ai repris l'ancienne dénomination de *fonction potentielle,* parce que le mot *potentiel* exprime encore une autre idée, en réalité analogue à la précédente, mais non identique. Je pense que cette distinction se trouvera suffisamment justifiée dans la seconde Partie de cet Ouvrage, où il sera question du potentiel.

Pour ce qui regarde le signe de la fonction potentielle, Gauss ne fait, dans sa formation, aucune distinction entre les agents attractifs et les répulsifs, en ce qu'il n'a pas fait entrer, dans son expression de la fonction potentielle, le facteur ε, qui peut être positif ou négatif et sert à distinguer les deux cas. Mais alors il devient nécessaire de faire cette distinction à un autre endroit, c'est-à-dire dans la recherche des composantes de la force, au moyen de la fonction potentielle, puisqu'on ne peut pas considérer les coefficients différentiels de la fonction potentielle comme exprimant immédiatement les composantes de la force, mais qu'on doit auparavant les affecter du signe + ou du signe —, suivant que l'agent actif est attractif ou répulsif. Comme le caractère spécial de la fonction potentielle consiste à représenter d'une manière simple tout ce qui est nécessaire à la détermination de la force, et qu'elle n'est qu'un cas particulier de la fonction de force plus générale, je crois préférable d'indiquer déjà, dans la formation de la fonction potentielle, si l'agent actif est attractif ou répulsif, de sorte que les composantes de la force pourront toujours se déduire, d'une seule et même manière, de la fonction potentielle.

Ceci admis, il ne reste plus qu'à décider si l'on doit, pour exprimer les composantes de la force que subit une unité positive de l'agent, supposée concentrée au point p, faire en sorte de n'avoir à employer que les coefficients différentiels, sans l'addition d'aucun signe, ou bien faire en sorte d'avoir à leur donner dans ce but le signe —. Il ne m'a pas paru douteux que la première détermination mérite la préférence, et c'est pourquoi le signe de ε a été choisi plus haut, de telle sorte qu'il fût positif pour des agents attractifs et négatif pour des agents répulsifs.

Je conviens, à la vérité, qu'il y a quelque inconvénient dans cette notation, en ce que, pour l'électricité et le magnétisme, la fonction potentielle devient négative pour des quantités positives de l'agent actif et *vice versâ;* mais je pense que, pour une fonction qui a une signification aussi générale que la fonction potentielle, on doit plutôt regarder à la traiter d'après les mêmes principes généraux partout où elle est susceptible d'application, qu'à lui donner une forme commode dans certains cas particuliers.

§ X.

LE NIVEAU POTENTIEL.

Ce que nous avons dit plus haut, au § IV, dans l'étude de la fonction de force U, s'appliquera naturellement de même à l'étude de la fonction potentielle V.

L'équation

$$V = A, \qquad (20)$$

où A représente une constante, est l'équation d'une surface de niveau; et une unité positive de l'agent, supposée en un point quelconque de cette surface, subit une force qui est normale à cette surface et dirigée à partir de la surface dans le sens suivant lequel croît la fonction potentielle.

Si l'on imagine un nombre indéfini de ces surfaces dont les équations ne diffèrent l'une de l'autre qu'en ce que la constante du second membre s'est accrue d'une certaine quantité infiniment petite, en passant de l'une à l'autre, ce système de surfaces fera connaître en chaque point de l'espace la grandeur et la direction de la force que subirait une unité positive de l'agent, supposée concentrée en ce point. La grandeur de la force est inversement proportionnelle à la distance de deux surfaces consécutives.

La valeur que prend la fonction potentielle en un lieu quelconque de l'espace, et qui détermine la surface de niveau dans laquelle se trouve ce lieu, se nommera simplement le *niveau potentiel* de ce lieu.

En général, les niveaux potentiels sont différents en différents lieux de l'espace, et la différence peut exister, non-seulement en grandeur absolue, mais encore quant au signe. Pour des agents qui ne sont qu'attractifs (comme la masse pondérable), il ne se présente que des niveaux potentiels positifs; pour des agents qui sont en partie attractifs, en partie répulsifs (comme l'électricité), il peut se présenter en différents lieux de l'espace des niveaux potentiels positifs et négatifs, et ces lieux sont séparés les uns des autres par une surface dont le niveau potentiel est nul.

Si le point p, dans lequel nous supposons concentrée une unité de l'agent, se meut dans des directions différentes, à partir du lieu où il se trouvait d'abord, la force qui agira pour accélérer ou retarder ce mouvement dépendra de la rapidité avec laquelle le niveau potentiel croît ou décroît dans la direction considérée. Dans les directions pour lesquelles le niveau potentiel reste constant, aucune force n'agit, et dans les autres directions, les forces qui agissent sont d'autant plus grandes que le niveau potentiel varie plus rapidement dans ces directions, et la force relative à une direction quelconque est positive ou négative, suivant que le niveau potentiel croît ou décroît dans cette direction.

§ XI.

DÉTERMINATION DE LA FONCTION POTENTIELLE POUR LE CAS OU LE POINT p SE TROUVE A L'INTÉRIEUR D'UN ESPACE ENTIÈREMENT REMPLI PAR L'AGENT ACTIF.

Nous avons dit, au § VI, qu'on ne peut pas décider immédiatement si la fonction U déterminée par l'équation (19) jouit encore de la propriété de représenter les composantes de la force par ses coefficients différentiels dans le cas où *le point p se trouve à l'intérieur d'un espace entièrement rempli par l'agent actif;* il en est naturellement de même quant a la fonction V considérée au § VII et déterminée par l'équation (Ia). Nous examinerons donc ce cas de plus près, et comme ces deux fonctions doivent se comporter de même sous ce rapport, nous nous bornerons à l'étude de l'une d'entre elles, et nous ferons choix de la fonction potentielle V.

Dans la formule de la fonction potentielle numérotée (Ia),

$$\varepsilon \int \frac{1}{r} dq',$$

la fonction $\frac{1}{r}$, qui est à intégrer, devient infinie pour les éléments dq' qui entourent immédiatement le point considéré, puisque la distance r devient infiniment petite pour ces éléments; la même circonstance se présente à un degré plus élevé encore, comme nous le verrons plus bas, lorsque l'on veut déterminer les *composantes de la force*, soit directement, soit en différentiant la fonction potentielle. Mais, de ce que la fonction à intégrer devient infinie pour certains éléments, on ne peut pas encore en conclure que l'intégrale elle-même devienne infinie ou indéterminée; car il peut se faire que la somme des éléments pour lesquels la fonction à intégrer devient un infiniment grand d'un certain ordre soit elle-même un infiniment petit d'un ordre plus élevé, de sorte que l'influence de ces éléments disparaisse et que l'intégrale complète ait une valeur finie et déterminée. Cependant on ne peut pas admettre immédiatement qu'il en soit ainsi; et, dans chaque intégrale de cette espèce, on devra, avant de la faire servir à d'autres calculs, décider, par des considérations particulières, si l'intégration peut s'effectuer de manière à donner une valeur finie et déterminée. C'est dans ce but que l'on emploie spécialement la méthode du changement de variables, afin de transformer l'intégrale en une autre telle, que la fonction à intégrer reste finie pour tous les éléments de ces nouvelles variables, et de cette manière la possibilité d'effectuer l'intégration sous forme finie est mise hors de doute.

Nous allons appliquer d'abord cette méthode à la fonction potentielle, et ensuite aux composantes de la force et aux coefficients différentiels de la fonction potentielle. Pour abréger, nous appellerons *corps* l'espace qui est entièrement rempli par l'agent; mais nous n'entendrons sous cette dénomination de corps que l'agent pour lequel nous voulons déterminer la fonction potentielle, abstraction faite de tout ce que le corps pourrait renfermer en outre. Soit k la *densité* du corps au point (x', y', z'), c'est-à-dire que si $d\tau$ représente un élément de l'espace, et dq' la quantité de l'agent actif qui y est renfermée, on a

$$(21) \qquad dq' = k\,d\tau;$$

nous admettrons que la quantité k, qui est une fonction de x', y', z', ne devient infinie en aucun point. De cette manière, l'expression (Ia) de la fonction potentielle devient

$$(22) \qquad V = \varepsilon \int \frac{k}{r}\,d\tau.$$

Afin de déterminer l'élément d'espace par une expression qui convienne à notre but, nous prendrons le point considéré p comme pôle d'un système de coordonnées polaires. Nous commencerons par partager l'espace en pyramides infiniment minces qui ont toutes leurs sommets en ce point. Décrivons du point p comme centre une sphère d'un rayon égal à l'unité; elle sera coupée par chaque pyramide élémentaire suivant un élément de surface $d\sigma$. La grandeur de cet élément de surface détermine celle de l'angle solide que la pyramide élémentaire forme à son sommet, et pour cette raison nous nommerons simplement cet élément $d\sigma$ *l'élément de l'angle solide*. L'unité relative à cet élément se déduit de ce que tout l'espace angulaire autour du point considéré est exprimé par 4π, puisque la surface d'une sphère de rayon 1 est représentée par 4π.

Considérons maintenant une portion infiniment petite d'une pyramide élémentaire, limitée par deux sphères de rayons r et $r + dr$; nous pourrons prendre cette portion comme l'élément d'espace $d\tau$, et puisqu'elle peut être considérée comme un petit prisme de base $r^2 d\sigma$ et de hauteur dr, nous aurons

$$(23) \qquad d\tau = r^2\,dr\,d\sigma.$$

D'après cela,

$$(24) \qquad dq' = kr^2\,dr\,d\sigma,$$

et l'expression précédente de V deviendra par là

$$(25) \qquad V = \varepsilon \int\int kr\,dr\,d\sigma.$$

Ici la fonction à intégrer kr, non-seulement n'est pas infinie pour les premiers éléments dr, mais elle est au contraire infiniment petite, et la difficulté mentionnée plus haut disparaît de cette manière, puisqu'on voit immédiatement que l'intégrale doit avoir une valeur finie et déterminée.

§ XII.

DÉTERMINATION DES COMPOSANTES DE LA FORCE POUR UN POINT SITUÉ A L'INTÉRIEUR DU CORPS ACTIF.

Nous traiterons de la même manière les *composantes de la force* que le corps exerce sur le point p; et comme les composantes se déterminent de la même manière pour les différentes directions, nous choisirons pour exemple la composante dirigée suivant l'axe des x.

La force exercée sur le point p par un élément dq', de coordonnées x', y', z', et distant de r du point p, est $\varepsilon \frac{dq'}{r^2}$; la composante de cette force suivant l'axe des x est $\varepsilon \frac{dq'}{r^2} \frac{x'-x}{r}$: et l'on obtient, par suite, pour la composante totale de la force suivant l'axe des x, l'expression

$$(26) \qquad X = \varepsilon \int \frac{x'-x}{r^3}\, dq'.$$

Ici, la fonction à intégrer devient même un infiniment grand du second ordre, pour des valeurs infiniment petites de r; néanmoins l'introduction des différentielles précédentes suffit également pour éviter cet inconvénient. En effet, si nous remplaçons dq' par l'expression (24), nous aurons

$$(27) \qquad X = \varepsilon \int\int k\, \frac{x'-x}{r}\, dr\, d\sigma.$$

Comme la longueur $x'-x$ est toujours inférieure, ou tout au plus égale à r, la fonction à intégrer $k\frac{x'-x}{r}$ est finie pour tous les éléments dr, et l'intégration doit donc donner une valeur finie et déterminée.

Dans l'expression précédente, la fraction $\frac{x'-x}{r}$ exprime le cosinus de l'angle que la droite qui unit le point p au point (x', y', z') fait avec l'axe des x.

Si l'on désigne cet angle par θ, on pourra écrire

$$X = \varepsilon \int\int k \cos\theta \, dr \, d\sigma. \tag{28}$$

Sous cette forme l'expression peut s'appliquer aux composantes de la force suivant une direction arbitraire, si l'on convient que θ représente l'angle que la droite variable, qui part du point p, forme avec la direction pour laquelle on veut déterminer la composante de la force.

§ XIII.

DÉTERMINATION DES COEFFICIENTS DIFFÉRENTIELS DE LA FONCTION POTENTIELLE POUR UN POINT SITUÉ A L'INTÉRIEUR DU CORPS AGISSANT.

Il s'agit maintenant de savoir si la formule que nous venons de trouver pour la composante X de la force est identique au coefficient différentiel $\frac{dV}{dx}$ de la fonction potentielle.

Dans cette recherche surgit une nouvelle difficulté. Dans le § XI, nous avons mis la fonction potentielle sous une forme qui montre qu'elle a toujours une valeur finie et déterminée. Mais on ne peut pas faire usage de cette forme s'il s'agit de différentier la fonction potentielle par rapport aux coordonnées du point p; car, dans ce cas, on ne peut pas attribuer tout d'abord au point p une position fixe, et, par suite, on ne peut pas le prendre pour origine d'un système de coordonnées polaires. A la vérité, on peut choisir pour origine de ces coordonnées le point pour lequel on veut chercher les coefficients différentiels; mais alors on doit déterminer la fonction potentielle de telle sorte qu'elle ne se rapporte pas à cette origine, mais à un point voisin de celle-ci et dont on peut encore regarder les coordonnées comme variables. Lorsque l'on aura trouvé pour la fonction potentielle une expression de cette nature, on la différentiera; et, cela fait, on pourra alors seulement, dans l'expression ainsi obtenue pour le coefficient différentiel, donner aux coordonnées des valeurs déterminées que l'on choisira, dans le cas actuel, de telle sorte qu'elles correspondent à l'origine des coordonnées polaires.

Il s'agit donc de faire en sorte que, dans l'expression de la *fonction potentielle*, la fonction à intégrer reste finie pour tous les éléments, même quand le point p n'est pas à l'origine des coordonnées polaires; et que, dans l'expression des *coefficients différentiels de la fonction potentielle*, la fonction à intégrer reste du moins finie pour tous les éléments lorsque le point p est à l'origine des coordonnées polaires.

On pourra arriver à ce résultat en introduisant dans les conditions une simplification qu'il est permis d'y apporter. En effet, si l'on veut former le coefficient différentiel relatif à x, il n'est pas nécessaire que le point p soit mobile dans *toutes* les directions, mais il suffit qu'il le soit suivant la direction des x. De même, pour la différentiation relative à y et à z, il suffit que le point soit mobile dans la direction des y ou des z; ou, plus généralement, il suffit de considérer le point comme mobile suivant la direction par rapport à laquelle on veut différentier. D'après cela, faisons passer par le point donné, pour lequel nous voulons déterminer le coefficient différentiel $\frac{dV}{dx}$, une droite parallèle à l'axe des x, et déterminons la fonction potentielle pour un point quelconque de cette droite.

Soient x_1, y_1, z_1, les coordonnées du point donné: et x, y_1, z, celles du point mobile p. Prenons le premier de ces points pour origine d'un système de coordonnées polaires. Soit prise pour axe polaire la droite parallèle à l'axe des x. Nommons l la longueur du rayon vecteur mené à l'élément dq'; θ l'angle que ce rayon vecteur fait avec l'axe, et φ l'angle que le plan de ces deux droites fait avec un plan fixe passant par l'axe.

L'élément de volume aura alors pour expression

$$d\tau = l^2 \sin\theta \, dl \, d\theta \, d\varphi.$$

Pour déterminer la distance r de cet élément au point mobile p, nous savons que ce point est sur l'axe à une distance de l'origine égale à $x - x_1$, et du côté positif ou négatif, suivant que cette différence est positive ou négative. De là résulte

$$\begin{aligned} r &= \sqrt{l^2 - 2l(x - x_1)\cos\theta + (x - x_1)^2} \\ &= \sqrt{l^2 \sin^2\theta + (l\cos\theta + x_1 - x)^2}. \end{aligned}$$

D'après cela, la fonction potentielle sera

$$(29) \qquad V = \varepsilon \int\int\int \frac{k l^2 \sin\theta}{\sqrt{l^2 \sin^2\theta + (l\cos\theta + x_1 - x)^2}} \, dl \, d\theta \, d\varphi.$$

On voit que la fonction à intégrer est finie pour toutes les valeurs des variables l, θ et φ, puisque le numérateur renferme le facteur $l \sin\theta$ qui ne peut jamais devenir plus grand que le dénominateur.

Si nous différentions cette expression par rapport à x, nous aurons d'abord

$$\frac{dV}{dx} = \varepsilon \int\int\int \frac{k l^2 \sin\theta (l\cos\theta + x_1 - x)}{[l^2 \sin^2\theta + (l\cos\theta + x_1 - x)^2]^{\frac{3}{2}}} \, dl \, d\theta \, d\varphi;$$

et si, dans celle-ci, nous remplaçons, comme nous l'avons dit plus haut, x par la valeur déterminée x_1 qui correspond à l'origine des coordonnées polaires, nous obtiendrons

$$(30) \qquad \frac{dV}{dx} = \varepsilon \int\int\int k \sin\theta \cos\theta \, dl \, d\theta \, d\varphi.$$

On voit que, dans cette formule, la fonction à intégrer reste également finie pour tous les éléments auxquels s'étend l'intégration. D'après cela, les conditions posées plus haut sont remplies, et la dernière formule peut être considérée comme la véritable expression du coefficient différentiel $\frac{dV}{dx}$ pour le point donné.

Si l'on compare cette expression de $\frac{dV}{dx}$ avec celle que l'on a trouvée pour X dans l'équation (28), il est clair que le produit $\sin\theta\, d\theta\, d\varphi$ représente l'élément de surface que la pyramide élémentaire déterminée par les deux éléments d'angle $d\theta$ et $d\varphi$ intercepte sur la sphère de rayon 1 décrite de l'origine des coordonnées comme centre; nous pourrons, par suite, remplacer ce produit dans l'équation (30) par $d\sigma$; en outre, puisque, dans cette équation, le point p est supposé à l'origine des coordonnées polaires, nous pourrons écrire dr au lieu de dl. De cette manière, le second membre de l'équation (30) sera identique à celui de l'équation (28), et nous aurons, par suite,

$$X = \frac{dV}{dx}.$$

Il va de soi que les coefficients différentiels par rapport à y ou à z, ou par rapport à une autre direction quelconque s, pourront se traiter de la même manière que le coefficient différentiel par rapport à x, et nous obtiendrons en conséquence le résultat suivant: *Aussi bien à l'intérieur qu'à l'extérieur de l'espace qui est rempli par l'agent actif, les composantes de la force sont représentées par les coefficients différentiels du premier ordre de la fonction potentielle.*

§ XIV.

TÉORÈME RELATIF AUX COEFFICIENTS DIFFÉRENTIELS DU SECOND ORDRE DE LA FONCTION POTENTIELLE.

L'étude des coefficients différentiels du second ordre va nous conduire de même à une propriété importante de la fonction potentielle.

De l'équation (10)

$$r = \sqrt{(x' - x)^2 + (y' - y)^2 + (z' - z)^2},$$

on tire, en différentiant deux fois de suite, par rapport à la même variable, la fraction $\frac{1}{r}$,

$$(31)\quad \left\{\begin{aligned} \frac{d^2\frac{1}{r}}{dx^2} &= -\frac{1}{r^3} + 3\,\frac{(x'-x)^2}{r^5}, \\ \frac{d^2\frac{1}{r}}{dy^2} &= -\frac{1}{r^3} + 3\,\frac{(y'-y)^2}{r^5}, \\ \frac{d^2\frac{1}{r}}{dz^2} &= -\frac{1}{r^3} + 3\,\frac{(z'-z)^2}{r^5}: \end{aligned}\right.$$

en ajoutant ces trois équations, on obtient

$$(32)\quad \frac{d^2\frac{1}{r}}{dx^2} + \frac{d^2\frac{1}{r}}{dy^2} + \frac{d^2\frac{1}{r}}{dz^2} = 0.$$

Pour appliquer ce résultat à la fonction potentielle, considérons la forme générale de celle-ci donnée par (I a)

$$V = \varepsilon \int \frac{1}{r}\,dq'.$$

Pour le cas où r reste fini pour tous les éléments dq', nous pourrons immédiatement effectuer sous le signe d'intégration la double différentiation indiquée. Nous obtiendrons donc, pour le coefficient différentiel relatif à x, l'équation

$$\frac{d^2V}{dx^2} = \varepsilon \int \frac{d^2\frac{1}{r}}{dx^2}\,dq' = \varepsilon \int \left[-\frac{1}{r^3} + 3\,\frac{(x'-x)^2}{r^5}\right] dq'.$$

L'expression renfermée sous le signe d'intégration ne peut évidemment pas devenir infinie dans l'hypothèse que r ne devient pas infiniment petit, et, par suite, la condition exigée pour que l'intégration puisse s'effectuer est satisfaite par cela même. Nous obtiendrons de la même manière, pour les coefficients différentiels relatifs à y et à z, les équations

$$\frac{d^2V}{dy^2} = \varepsilon \int \frac{d^2 \frac{1}{r}}{dy^2} dq' = \varepsilon \int \left[-\frac{1}{r^3} + \frac{(y'-y)^2}{r^5} \right] dq',$$

$$\frac{d^2V}{dz^2} = \varepsilon \int \frac{d^2 \frac{1}{r}}{dz^2} dq' = \varepsilon \int \left[-\frac{1}{r^3} + \frac{(z'-z)^2}{r^5} \right] dq'.$$

Si nous ajoutons les intégrales qui se présentent dans ces trois équations, elles se détruiront de même que les expressions (31), et nous obtiendrons

(33) $$\frac{d^2V}{dx^2} + \frac{d^2V}{dy^2} + \frac{d^2V}{dz^2} = 0.$$

Cette somme des trois coefficients différentiels du second ordre se présente si fréquemment dans la théorie du potentiel qu'il est utile de la représenter par un signe particulier; nous la désignerons, comme Green, en écrivant Δ devant la fonction (*), de sorte que l'équation précédente deviendra, au moyen de cette abréviation,

(33 *a*) $$\Delta V = 0.$$

Comme il a été admis, dans la formation de cette équation, que r reste fini pour tous les éléments dq', il en résulte que, si l'agent actif remplit entièrement un volume, l'équation n'est démontrée que pour le cas *où le point p se trouve à l'extérieur de ce corps;* et nous devons même admettre pro-

(*) Green a employé le signe δV; mais comme la lettre δ est usitée pour representer les variations, j'avais, dans la première édition de cet Ouvrage, employé D au lieu de δ. Depuis lors, on s'est generalement servi, au lieu de δ, non pas de D, mais de Δ. Je n'avais pas employé cette dernière lettre parce qu'elle sert quelquefois à désigner la densite; mais cette consideration est de peu d'importance, et je n'hésite pas à me rallier à la notation adoptée. Je ferai remarquer en outre que Betti, dans un récent ouvrage plein de merite *Teorica delle forze che agiscono secondo la legge di Newton; Pisa,* 1865), represente la somme (33) non par ΔV, mais par $\Delta^2 V$.

visoirement que p se trouve à une distance *finie* de la surface du corps.

§ XV.

ÉNONCÉ DU THÉORÈME PRÉCÉDENT POUR LE CAS OU LE POINT CONSIDÉRÉ SE TROUVE A L'INTÉRIEUR DU CORPS AGISSANT.

Si le point p se trouve à l'intérieur du corps, la distance r est infiniment petite pour les éléments dq' les plus voisins de ce point, et, par suite, les expressions à intégrer données dans les formules 31 deviennent infiniment grandes. On croirait peut-être que cette circonstance n'est pas plus dans le cas actuel que dans les précédents un obstacle à l'application des formules, parce qu'elle ne se présente que pour une quantité infiniment petite de l'agent; en examinant la chose de plus près, on trouve cependant qu'il en est autrement dans ce cas, parce que les fonctions à intégrer deviennent des infinis d'ordre supérieur.

Si nous formons en effet le coefficient différentiel $\frac{d^2 V}{dx^2}$ de la même manière que plus haut, et si nous remplaçons dq' par l'expression $kr^2 dr d\sigma$ donnée dans l'équation (24), nous aurons

$$\frac{d^2 V}{dx^2} = \varepsilon \int\int \frac{k}{r}\left[-1 + 3\,\frac{(x'-x)^2}{r^2}\right] dr\, d\sigma,$$

et si nous remplaçons en outre, comme au § XII, $\frac{x'-x}{r}$ par $\cos\theta$, ainsi que l'élément $d\sigma$ par $\sin\theta\, d\theta\, d\varphi$, cette formule deviendra

$$\frac{d^2 V}{dx^2} = \varepsilon \int\int\int \frac{k}{r}(-1 + 3\cos^2\theta)\sin\theta\, dr\, d\theta\, d\varphi.$$

On voit que, malgré la transformation en coordonnées polaires, la fonction à intégrer reste encore infinie pour les premiers éléments dr, parce que r est resté au dénominateur. Au premier abord, il pourrait même sembler que toute l'intégrale doit devenir infiniment grande, parce que l'intégrale $\int \frac{dr}{r}$, qui s'étend depuis $r = 0$ jusqu'à une valeur finie de r, devient infiniment grande. Mais, si l'on a égard aussi aux intégrations relatives aux deux autres variables θ et φ, on trouve, à la vérité, lorsque ces intégrations ne s'étendent qu'à une partie de l'angle solide 4π, qu'il se présente en général des valeurs infinies; mais que, si l'on étend l'intégrale à l'angle solide tout entier, elle peut se mettre sous la forme d'une somme algébrique qui renferme des termes infiniment grands, qui sont de même forme et de signes contraires. Cette somme ne doit donc pas être considérée comme infinie; mais, d'un autre côté, on ne peut pas lui assigner une valeur finie déterminée, parce que la somme algébrique de deux quantités infinies de même forme et de signes contaires ne peut pas être immédiatement égalée à zéro, mais qu'elle a une valeur indéterminée.

Sans entrer dans plus de détails sur la nature de ces expressions qui renferment des termes infinis, nous pouvons du moins affirmer que l'expression précédente de $\frac{d^2V}{dx^2}$ [qui est provenue de ce que, dans la formule (Ia) trouvée pour V, et où l'intégration n'est pas effectuée, la double différentiation a été faite sous le signe intégral], que cette expression, disons-nous, n'est pas propre à la détermination de la vraie valeur de $\frac{d^2V}{dx^2}$, parce que, même après l'introduction des coordonnées polaires, la fonction à intégrer ne reste pas finie pour toutes les valeurs qui doivent être attribuées aux variables. Nous devons donc chercher à déterminer d'une autre manière les valeurs des seconds coefficients différentiels de V, ainsi que celle de leur somme.

Il sera utile de donner à l'avance le résultat que l'on obtient dans la détermination exacte de ces valeurs. Soit k_p la densité de l'agent au point considéré p auquel se rapporte l'expression, on aura

$$\text{(II)} \qquad \left\{ \begin{aligned} \frac{d^2V}{dx^2} + \frac{d^2V}{dy^2} + \frac{d^2V}{dz^2} &= -4\pi\varepsilon k_p, \\ \Delta V &= -4\pi\varepsilon k_p. \end{aligned} \right.$$

Cette équation, qui renferme comme cas particulier celle qui a été donnée plus haut sous les n^os (33) ou (33 *a*), puisqu'à l'extérieur du corps $k = 0$, exprime la seconde propriété fondamentale de la fonction potentielle, à savoir : *Que de la fonction potentielle d'un agent on peut déduire sa densité k en fonction des coordonnées, et déterminer, par suite, la manière dont cet agent est répandu dans l'espace.*

La démonstration de cette équation importante, lorsqu'on veut l'établir d'une manière générale et tout à fait rigoureuse, présente une difficulté que l'on a cherché à surmonter de différentes manières. J'en donnerai ici, sous une forme un peu différente, une démonstration que j'ai publiée, il y a quelque temps, dans le *Journal de Liouville* (*). Avant d'aborder cette démonstration générale, je commencerai, pour plus de clarté, par traiter un cas particulier qui ne présente aucune difficulté.

§ XVI.

DÉMONSTRATION DU THÉORÈME POUR LE CAS D'UN CORPS HOMOGÈNE.

Le cas particulier que nous allons traiter actuellement est *celui dans lequel la densité de l'agent est la même dans toute l'étendue du corps*, ou, en d'autres termes, *celui dans lequel le corps est homogène relativement à l'agent.*

Dans ce cas, la quantité k est constante, et, par suite, après avoir remplacé dans l'équation (I *a*) la quantité élémentaire dq' par le produit $k\,d\tau$, où $d\tau$ représente l'élément de volume, on pourra faire sortir le coefficient k du signe d'intégration, et écrire

$$V = \varepsilon k \int \frac{1}{r}\, d\tau. \tag{34}$$

Je traiterai d'abord cette équation par une méthode fréquemment employée et très-simple; j'y appliquerai ensuite une seconde méthode qui me paraît utile pour la suite des développements.

(*) 2e série, t. III, 1858.

Imaginons dans l'intérieur du corps une surface sphérique décrite d'un point voisin du point considéré p comme centre, qui renferme le point p et soit partout à une distance finie de celui-ci; ce qui sera possible, si nous supposons, comme nous le ferons provisoirement, que *le point p est situé à une distance finie de la surface du corps donné.* Cette sphère partagera le corps en deux parties, la partie intérieure et la partie extérieure à la surface de la sphère. Nous décomposerons, en conséquence, l'intégrale de l'équation (34) en deux parties, que nous distinguerons par les indices 1 et 2 placés à côté du signe d'intégration. L'équation (34) devient ainsi

$$V = \varepsilon k \int_1 \frac{1}{r}\, d\tau + \varepsilon k \int_2 \frac{1}{r}\, d\tau, \tag{35}$$

où la première intégrale s'étend au volume de la sphère, et la seconde à la partie du corps extérieure à la sphère.

La première intégration peut s'effectuer immédiatement d'une manière complète. Nous développerons le calcul dans un paragraphe subséquent où nous traiterons d'une couche sphérique limitée par deux sphères concentriques (ce qui renferme la sphère comme cas particulier). Pour abréger, je ne donnerai ici que le résultat, de l'exactitude duquel le lecteur se convraincra du reste aisément, sans même recourir à ce paragraphe. Si nous supposons que le point p, auquel se rapportent les distances r qui entrent dans l'intégrale, est éloigné du centre de la sphère d'une distance l, et si nous désignons le rayon de la sphère par A, nous aurons

$$\int_1 \frac{1}{r}\, d\tau = 2\pi\left(A^2 - \frac{1}{3} l^2\right).$$

Les coordonnées du centre de la sphère étant représentées par x_0, y_0, z_0, on a

$$l^2 = (x - x_0)^2 + (y - y_0)^2 + (z - z_0)^2,$$

de sorte que l'équation précédente deviendra

$$\int_1 \frac{1}{r}\, d\tau = 2\pi\left\{A^2 - \frac{1}{3}\left[(x - x_0)^2 + (y - y_0)^2 + (z - z_0)^2\right]\right\}.$$

Si nous substituons la valeur de cette intégrale dans l'équation (35), nous obtiendrions

$$(36)\quad \begin{cases} V = 2\pi\varepsilon k\left\{A^2 - \frac{1}{3}[(x-x_0)^2 + (y-y_0)^2 + (z-z_0)^2]\right\} \\ \quad + \varepsilon k \int_2 \frac{1}{r}\, d\tau. \end{cases}$$

Nous pouvons maintenant différentier cette équation; car, dans la seconde intégrale, où il n'entre que des valeurs finies de r, on peut effectuer immédiatement la différentiation sous le signe. Nous obtiendrons ainsi

$$(37)\quad \begin{cases} \dfrac{d^2V}{dx^2} = -\dfrac{4}{3}\pi\varepsilon k + \varepsilon k \displaystyle\int_2 \dfrac{d^2 \frac{1}{r}}{dx^2}\, d\tau, \\ \dfrac{d^2V}{dy^2} = -\dfrac{4}{3}\pi\varepsilon k + \varepsilon k \displaystyle\int_2 \dfrac{d^2 \frac{1}{r}}{dy^2}\, d\tau, \\ \dfrac{d^2V}{dz^2} = -\dfrac{4}{3}\pi\varepsilon k + \varepsilon k \displaystyle\int_2 \dfrac{d^2 \frac{1}{r}}{dz^2}\, d\tau. \end{cases}$$

Si l'on ajoute ces trois équations, la somme des trois intégrales indiquées étant nulle, à cause de l'équation (32), il viendra

$$\frac{d^2V}{dx^2} + \frac{d^2V}{dy^2} + \frac{d^2V}{dz^2} = -4\pi\varepsilon k,$$

ou

$$\Delta V = -4\pi\varepsilon k,$$

équation qui était à démontrer.

§ XVII.

AUTRE FORME DE LA FONCTION POTENTIELLE D'UN CORPS HOMOGÈNE, PROPRE AUX DÉVELOPPEMENTS ULTÉRIEURS.

Je vais maintenant, comme je l'ai dit plus haut, développer une seconde démonstration du théorème pour le cas des corps homogènes, parce qu'elle se reliera à la démonstration subséquente et générale du théorème pour le cas des corps non homogènes. Dans ce but, je commencerai par mettre l'expression de la fonction potentielle sous une forme un peu différente.

Exprimons l'élément de volume $d\tau$ qui entre dans l'équation (34), comme nous l'avons déjà fait au § XI. Imaginons une pyramide élémentaire partant du point p, et dont l'angle solide soit $d\sigma$; considérons un élément de cette pyramide compris entre deux spheres décrites de son sommet, avec les rayons r et $r+dr$; en prenant cet élément de pyramide comme élément de volume, nous aurons

$$d\tau = r^2 dr\, d\sigma.$$

L'équation (34) deviendra par là

$$V = \varepsilon k \int\int r\, dr\, d\sigma,$$

ou bien

(38) $$V = \varepsilon k \int d\sigma \int r\, dr.$$

Dans cette expression, on peut effectuer immédiatement l'intégration relative à r. L'intégrale générale est $\frac{r^2}{2}$; mais les limites entre lesquelles elle doit être prise sont différentes suivant la forme du corps et la position du point p.

Si le point p se trouve à l'intérieur du corps, et si celui-ci est d'une forme telle, que tout rayon partant du point p ne rencontre qu'une seule fois sa surface, en représentant par R la distance du point d'intersection au point p, nous aurons à prendre l'intégrale entre o et R, et nous obtiendrons

(39) $$V = \frac{\varepsilon k}{2} \int R^2\, d\sigma.$$

Cette dernière intégrale s'étend à tout l'espace angulaire autour du point p.

Si le point p se trouve encore à l'intérieur du corps, mais que la forme de celui-ci soit telle, que les rayons vecteurs coupent plus d'une fois la surface en certaines directions, il faudra, si le corps est fini, et si, par suite, sa surface est entièrement fermée, que le nombre des points d'intersection soit dans tous les cas *impair*. Si nous considérons une pyramide élémentaire s'étendant dans l'une de ces directions, elle se trouvera à l'intérieur du corps depuis le sommet jusqu'à la première intersection, à l'extérieur depuis la première intersection jusqu'à la seconde, à l'intérieur depuis la seconde jusqu'à la troisième, et ainsi de suite. Comme nous n'avons à considérer pour la fonction potentielle que les parties qui sont situées à l'intérieur du corps, si nous désignons par R_1, R_2, R_3,... les distances du point p aux intersections successives, nous aurons à effectuer l'intégration relativement à r, depuis o jusqu'à R_1, depuis R_2 jusqu'à R_3, et ainsi de suite, et nous obtiendrons ainsi

$$(39a) \qquad V = \frac{\varepsilon k}{2} \int (R_1^2 - R_2^2 + R_3^2 - \ldots) d\sigma.$$

Si le point p se trouve à l'extérieur du corps, le nombre des intersections de chaque rayon qui rencontre le corps, avec sa surface, doit être pair, et l'intégrale relative à r devra être prise dans ce cas, comme on le voit aisément, depuis R_1 jusqu'à R_2, puis, s'il y a encore d'autres intersections, depuis R_3 jusqu'à R_4, et ainsi de suite. On aura donc

$$(39b) \qquad V = \frac{\varepsilon k}{2} \int (-R_1^2 + R_2^2 - \ldots) d\sigma.$$

L'intégrale relative à σ s'étend naturellement seulement à la partie de l'angle solide, autour de p, dans laquelle est situé le corps. Si donc on imagine un cône de sommet p circonscrit au corps, l'intégrale, par rapport à σ, s'étendra à toute l'ouverture de ce cône. Si le corps était creux et avait deux surfaces dont l'une renferme entièrement l'autre, et si p se trouvait dans la partie vide, l'intégrale devrait s'étendre de nouveau à tout l'espace angulaire 4π.

Enfin, si le point p se trouve à la surface du corps, il est indifférent qu'on emploie l'une ou l'autre des deux dernières équations, parce qu'on peut obtenir le résultat au moyen de chacune d'elles, pourvu qu'on choisisse convenablement les directions suivant lesquelles on doit poser $R = 0$.

Dans ces équations, nous pouvons convertir en une autre intégrale celle qui se rapporte à l'angle solide. Si nous considérons dans une pyramide élémentaire d'angle solide $d\sigma$ l'élément superficiel suivant lequel elle coupe la surface du corps, et que nous appellerons $d\omega$, les deux éléments $d\sigma$ et $d\omega$ seront entre eux dans un rapport simple. Soit i le cosinus de l'angle que le rayon vecteur mené à $d\omega$ fait avec la normale à cet élément, nous aurons évidemment

$$i\,d\omega = \pm R\,d\sigma,$$

ou bien

$$d\sigma = \pm \frac{i}{R^2}\,d\omega, \tag{40}$$

où l'on choisira l'un ou l'autre des deux signes, suivant que i sera positif ou négatif. Pour décider de son signe, nous conviendrons une fois pour toutes que, dans des déterminations d'angle, nous considérerons toujours la direction du rayon dans le sens *suivant lequel sa longueur croît*, et celle de la normale comme étant dirigée vers l'*extérieur* du corps. Alors il est clair que partout où le rayon vecteur, en croissant, sortira du corps, l'angle qui est compris entre ce rayon et la normale sera plus petit que 90 degrés, et, par suite, son cosinus, représenté par i, sera positif; partout, au contraire, où le rayon vecteur entre dans le corps, l'angle sera plus grand que 90 degrés, et, par suite, i sera négatif.

Voyons maintenant comment se modifieront par là les intégrales précédentes. Lorsqu'une pyramide élémentaire coupe plusieurs fois la surface, au même élément d'angle solide $d\sigma$ correspondront plusieurs éléments superficiels du corps $d\omega_1$, $d\omega_2, \ldots$, chacun avec une valeur particulière pour i, de sorte qu'à la série des produits $R_1^2\,d\sigma$, $R_2^2\,d\sigma, \ldots$, qui entrent dans les intégrales, correspondent autant de produits $i_1\,d\omega_1$, $i_2 d\omega_2, \ldots$. Si l'on recherche quels sont les signes dont sont affectés les différents facteurs R^2, on trouvera que, dans les cas où i est positif, le facteur R^2 correspondant a aussi le signe $+$, et qu'il a au contraire le signe $-$ dans les cas où i est négatif. D'après cela, on n'a besoin d'affecter d'aucun signe les produits $i\,d\omega$, puisque, grâce au facteur i, ils prennent d'eux-mêmes le signe convenable. Or, comme tous les éléments de surface $d\omega$ obtenus par le procédé précédent constituent précisément toute la surface du corps, on aura l'équation fort simple

$$\text{(III)} \qquad V = \frac{\varepsilon k}{2}\int i\,d\omega,$$

qui convient à toutes les formes du corps et à toutes les positions du point p.

Cette forme de la fonction potentielle d'un corps homogène, dans laquelle l'intégration relative au volume se trouve ramenée à une intégration relative à la surface, est très-commode dans beaucoup de recherches, et peut particulièrement servir au but que nous nous proposons actuellement.

§ XVIII.

DÉMONSTRATION DU THÉORÈME PRÉCÉDENT A L'AIDE DE LA NOUVELLE EXPRESSION TROUVÉE DANS LE DERNIER PARAGRAPHE POUR LA FONCTION POTENTIELLE D'UN CORPS HOMOGÈNE.

Comme l'intégration indiquée dans l'expression (III) est relative à une variable qui est indépendante des coordonnées x, y, z du point p, on peut différentier par rapport à ces coordonnées sous le signe intégral, et l'on obtient ainsi

$$\frac{dV}{dx} = \frac{\varepsilon k}{2}\int \frac{di}{dx}\,d\omega,$$

$$\frac{d^2V}{dx^2} = \frac{\varepsilon k}{2}\int \frac{d^2 i}{dx^2}\,d\omega;$$

de même par rapport aux deux autres coordonnées. Par l'addition des trois coefficients différentiels du second ordre, il vient

$$\Delta V = \frac{\varepsilon k}{2}\int\left(\frac{d^2 i}{dx^2} + \frac{d^2 i}{dy^2} + \frac{d^2 i}{dz^2}\right)d\omega. \tag{41}$$

Pour déterminer i, soient représentés par a, b, c les cosinus des angles du rayon vecteur menés à $d\omega$ avec les trois axes, et par α, β, γ ceux des angles de la normale élevée à $d\omega$ avec les axes; on aura

$$i = a\alpha + b\beta + c\gamma. \tag{42}$$

En outre, si ξ, η, ζ désignent les coordonnées de l'élément $d\omega$, on a

$$a = \frac{\xi - x}{R},\quad b = \frac{\eta - y}{R},\quad c = \frac{\zeta - z}{R}; \tag{43}$$

de sorte que l'équation précédente devient

$$i = \frac{(\xi - x)\alpha + (\eta - y)\beta + (\zeta - z)\gamma}{R}, \tag{44}$$

où

$$R = \sqrt{(\xi - x)^2 + (\eta - y)^2 + (\zeta - z)^2}. \tag{45}$$

Au moyen de ces valeurs, nous pourrons former les coefficients différentiels de i, et nous obtiendrons

$$\left\{\begin{aligned} \frac{di}{dx} &= \frac{\xi - x}{R^2}\,i - \frac{\alpha}{R},\\ \frac{di}{dy} &= \frac{\eta - y}{R^2}\,i - \frac{\beta}{R},\\ \frac{di}{dz} &= \frac{\zeta - z}{R^2}\,i - \frac{\gamma}{R}. \end{aligned}\right. \tag{46}$$

$$\left\{\begin{aligned} \frac{d^2 i}{dx^2} &= \frac{3(\xi - x)^2 - R^2}{R^4}\,i - 2\,\frac{\xi - x}{R^3}\,\alpha,\\ \frac{d^2 i}{dy^2} &= \frac{3(\eta - y)^2 - R^2}{R^4}\,i - 2\,\frac{\eta - y}{R^3}\,\beta,\\ \frac{d^2 i}{dz^2} &= \frac{3(\zeta - z)^2 - R^2}{R^4}\,i - 2\,\frac{\zeta - z}{R^3}\,\gamma. \end{aligned}\right. \tag{47}$$

Supposons de nouveau que le point p se trouve à *une distance finie de la surface*, de sorte que R ne devient infini pour aucun des éléments de celle-ci ; alors les différents termes des expressions précédentes ne pourront pas devenir infinis, et celles-ci pourront être soumises à l'intégration.

Or si l'on ajoute les trois dernières expressions, leurs premiers termes se détruisent, et il reste

$$(48)\quad \left\{ \begin{aligned} \frac{d^2 i}{dx^2}+\frac{d^2 i}{dy^2}+\frac{d^2 i}{dz^2} &= -2\,\frac{(\xi-x)\alpha+(\eta-y)\beta+(\zeta-z)\gamma}{R^3} \\ &= -2\,\frac{i}{R^2}; \end{aligned} \right.$$

de sorte que l'équation (41) devient

$$(49)\qquad \Delta V = -\varepsilon k \int \frac{i}{R^2}\, d\omega .$$

Cette dernière intégration s'effectue aisément.

En effet, d'après l'équation (40), on a

$$\frac{i}{R^2}\, d\omega = \pm\, d\sigma,$$

où $d\sigma$ représente l'élément d'angle solide qui appartient à la même pyramide élémentaire que $d\omega$. Or, comme, d'apres ce que nous avons dit au paragraphe précédent, il se peut que plusieurs éléments $d\omega$ correspondent à une même pyramide élémentaire, il s'ensuit que le même élément $d\sigma$ peut entrer plusieurs fois dans l'intégrale avec différents signes, et, sous ce rapport, il se présentera une différence essentielle, suivant que le point p sera situé à l'extérieur ou à l'intérieur du corps.

Si le point p est à l'*extérieur* du corps, chacune des pyramides élémentaires qui rencontrent le corps coupe sa surface un nombre pair de fois, et l'élément correspondant $d\sigma$ entrera autant de fois dans l'intégrale, avec des signes alternativement négatifs ou positifs. L'équation (49) prendra donc la forme suivante

$$\Delta V = -\varepsilon k \int (-1+1-\ldots)\, d\sigma,$$

dans laquelle la somme des quantités entre parenthèses est évidemment nulle, puisqu'elle renferme un nombre pair de termes égaux et deux à deux de signes contraires. Nous obtenons ainsi le même résultat que celui qui a été déjà déduit d'une autre manière pour le même cas, c'est-à-dire

$$\Delta V = 0.$$

Si, au contraire, le point p se trouve à l'*intérieur* du corps, chaque élément de l'angle solide entre un nombre impair de fois, la première fois avec le signe + et ensuite avec les signes — et + alternativement. L'équation (49) prendra donc dans ce cas la forme suivante :

$$\Delta V = -\varepsilon k \int (1 - 1 + 1 - \ldots\, d\sigma,$$

dans laquelle la parenthèse renferme un nombre impair de termes égaux et alternativement de signes contraires. Les termes se détruisent tous à l'exception du premier, et l'équation prend ainsi la forme plus simple

$$\Delta V = -\varepsilon k \int d\sigma. \tag{50}$$

Or, comme l'intégrale doit s'étendre à tout l'espace angulaire solide, et qu'elle a, par suite, la valeur 4π, on obtiendra

$$\Delta V = -4\pi\varepsilon k,$$

équation qui était à démontrer.

§ XIX.

COEFFICIENTS DIFFÉRENTIELS DU PREMIER ORDRE DE L'EXPRESSION TROUVÉE AU § XVII POUR LA FONCTION POTENTIELLE D'UN CORPS HOMOGÈNE.

Avant d'abandonner l'étude des corps homogènes, j'ai encore à faire sur l'expression (III), donnée au § XVII pour la fonction potentielle d'un corps homogène, une remarque relative aux coefficients différentiels du premier ordre.

L'expression dont il s'agit est

$$V = \frac{\varepsilon k}{2} \int i \, d\omega.$$

Si l'on différentie cette expression par rapport à l'une des coordonnées, x par exemple, on obtient, conformément à la première des équations (46),

$$\frac{dV}{dx} = \frac{\varepsilon k}{2} \int \left(\frac{\xi - x}{R^2} i - \frac{\alpha}{R} \right) d\omega.$$

Si l'on remplace la fraction $\frac{\xi - x}{R}$, qui représente le cosinus de l'angle que le rayon vecteur mené du point p à l'élément de surface $d\omega$ fait avec l'axe des x, par la lettre a, comme au paragraphe précédent, l'équation deviendra

$$(51) \qquad \frac{dV}{dx} = \frac{\varepsilon k}{2} \int \left(\frac{ai}{R} - \frac{\alpha}{R} \right) d\omega.$$

Nous allons comparer cette expression à celle que l'on trouve directement, comme on l'a fait au § XII, pour la composante de la force suivant l'axe des x. L'équation (28) de ce paragraphe s'écrit, si l'on y remplace $\cos\theta$ par a,

$$X = \varepsilon \int \int ka \, dr \, d\sigma.$$

Dans le cas actuel, k est constant; nous pourrons le faire sortir du signe d'intégration, et intégrer alors relativement à r. Nous obtiendrons ainsi

$$(52) \qquad X = \varepsilon k \int (\pm R_1 \mp R_2 \pm \ldots) \, a \, d\sigma;$$

les valeurs $R_1, R_2, \ldots$ sont relatives aux différentes intersections du même rayon vecteur avec la surface, et l'on doit prendre les signes de la manière qui a été exposée au § XVII. Si nous remplaçons $d\sigma$ en fonction de l'élément de surface $d\omega$, nous avons

$$(53) \qquad X = \varepsilon k \int \frac{ai}{R} \, d\omega.$$

Cette expression de la composante X de la force est différente de l'expression (51) trouvée pour $\frac{dV}{dx}$, tandis que, d'après la signification de la fonction potentielle, les quantités X et $\frac{dV}{dx}$ doivent être égales entre elles. Mais en y regardant de plus près, on voit que ces deux expressions ne diffèrent que par la forme, et qu'elles ont la même valeur, comme leur signification l'exige.

De l'équation (52), on peut en effet déduire par une autre transformation, au lieu de l'équation précédente (53), l'équation suivante :

$$X = -\varepsilon k \int \frac{\alpha}{R} d\omega. \tag{54}$$

Comme l'exposé de cette transformation et les considérations géométriques sur lesquelles elle s'appuie nous arrêteraient trop et interrompraient la marche de l'exposition plus qu'il ne convient, je renverrai à ce sujet à une Addition placée à la fin de l'Ouvrage (*), et je regarderai par suite la proposition comme démontrée.

De la comparaison des équations (53) et (54), on déduit l'équation suivante, qui doit se vérifier pour toute surface fermée,

$$\int \frac{ai}{R} d\omega = -\int \frac{\alpha}{R} d\omega. \tag{55}$$

A l'aide de cette équation, on peut, comme l'on voit, transformer facilement l'un dans l'autre les seconds membres des équations (51) et (53).

Comme, du reste, il est évident, d'après ce qui précède, que la composante X de la force doit être égale au coefficient différentiel $\frac{dV}{dx}$, on pourrait également renverser la conclu-

(*) *Voir* l'Addition I.

sion et égaler entre eux les seconds membres des équations (51) et (53), en posant

$$\frac{\varepsilon k}{2}\int\left(\frac{ai}{R}-\frac{\alpha}{R}\right)d\omega=\varepsilon k\int\frac{ai}{R}d\omega;$$

on arriverait ainsi immédiatement, sans avoir besoin de s'appuyer sur les considérations un peu longues de l'Addition **I**, à l'équation (55), intéressante au point de vue géométrique.

Il est à peine nécessaire de mentionner que l'égalité prouvée entre la composante X de la force et le coefficient différentiel $\frac{dV}{dx}$ existe aussi entre la composante Y et le coefficient différentiel $\frac{dV}{dy}$, ainsi qu'entre la composante Z et le coefficient différentiel $\frac{dV}{dz}$.

De ce que l'on peut remplacer les coefficients différentiels du premier ordre de la fonction potentielle par les composantes de la force, il s'ensuit naturellement que l'on pourra remplacer ceux du second ordre par les coefficients différentiels respectifs du premier ordre des composantes de la force, et que, par suite, la somme

$$\frac{d^2V}{dx^2}+\frac{d^2V}{dy^2}+\frac{d^2V}{dz^2},$$

considérée dans les paragraphes précédents, peut se remplacer par la somme

$$\frac{dX}{dx}+\frac{dY}{dy}+\frac{dZ}{dz}.$$

En effet, il est possible d'établir que cette dernière somme prendra la valeur trouvée plus haut, c'est-à-dire o ou $-4\pi\varepsilon k$, soit que l'on mette à la place des composantes de la force les expressions de la forme (53), soit que l'on mette celles de la forme (54).

§ XX.

DÉMONSTRATION GÉNÉRALE, APPLICABLE ÉGALEMENT A DES CORPS NON HOMOGÈNES, DU THÉORÈME EXPRIMÉ PAR L'ÉQUATION (II).

Abordons maintenant la démonstration de l'équation (II) pour le cas où le corps n'est pas supposé homogène.

Nous commencerons par supposer de nouveau que le point p ne se trouve pas dans le voisinage immédiat de la surface, et, en outre, que la densité k du corps ne varie, dans le voisinage de p, que d'une manière *continue*. S'il y a des variations discontinues de densité dans le corps, nous supposerons provisoirement que le point p se trouve à une distance finie du lieu où ces variations se présentent. Dans ces conditions, nous pourrons imaginer une surface fermée décrite autour du point p, située partout à une distance finie de ce point, et à l'intérieur de laquelle n'ont lieu que des variations continues de densité. Nous pourrons alors nous borner à la considération de la partie du corps renfermée sous cette surface; car l'autre partie, extérieure à cette surface, et dont les éléments sont, par suite, situés tous à une distance finie de p, ne peut avoir aucune influence sur la valeur de ΔV, puisque la partie de ΔV qui y est relative doit être nulle en vertu des résultats précédents. Nous examinerons plus tard le cas où le point p serait infiniment voisin de la surface du corps, ou bien d'un lieu où se présente une variation discontinue de densité.

Comme nous pouvons choisir arbitrairement la forme de la surface décrite autour du point p et renfermant le corps à considérer, nous admettrons, pour plus de simplicité, que tout rayon vecteur émanant du point p ne la coupe qu'une fois.

Commençons par déterminer les composantes de la force que le corps à considérer exerce sur le point p, puisque nous savons que ces composantes sont identiques aux coefficients différentiels du premier ordre de la fonction potentielle, et peuvent, par suite, être employées à la place de ceux-ci, dans les développements ultérieurs.

Pour la composante suivant l'axe des x, nous avons l'équation (28) déjà mentionnée au paragraphe précédent, et qui s'écrira, si nous désignons par a le cosinus de l'angle que le rayon vecteur fait avec l'axe des x,

$$X = \varepsilon \int\int ka\, dr\, d\sigma.$$

L'intégration doit s'effectuer relativement à r, depuis o jusqu'à R, c'est-à-dire jusqu'à la valeur qu'a r à son intersection avec la surface, et la seconde intégration doit s'étendre à tout l'espace angulaire solide. Comme la quantité a est indépendante de r, l'équation précédente peut aussi s'écrire

$$X = \varepsilon \int d\sigma\, a \int_0^R k\, dr. \tag{56}$$

Nous donnerons encore à cette expression une forme un peu différente. Nous introduirons d'abord, au lieu de l'élément $d\sigma$ de l'angle solide, l'élément $d\omega$ de la surface du corps. En vertu de l'équation (40), dans laquelle nous n'aurons à prendre que le signe positif, dans le cas actuel où chaque rayon vecteur ne coupe qu'une fois la surface, et où, par suite, les intersections n'ont lieu que de l'intérieur vers l'extérieur, nous pourrons poser

$$d\sigma = \frac{i}{R^2}\, d\omega;$$

de sorte que l'équation précédente deviendra

$$X = \varepsilon \int d\omega\, a\, \frac{i}{R^2} \int_0^R k\, dr. \tag{57}$$

En outre, modifions un peu la forme de l'intégrale $\int_0^R k\, dr$.

Dans la forme actuelle, on suppose que l'on parte du point p, en s'avançant vers la surface. Nous allons supposer, au contraire, qu'on parte du point où le rayon vecteur coupe la surface, et où se trouve l'élément de surface $d\omega$, et que l'on s'avance sur la même droite en sens opposé vers le point p. Considérons un point quelconque de cette droite, sa distance au point p est représentée par r; et nous désignerons par ρ sa distance au point où la droite coupe la surface. Nous aurons donc

$$r = \mathrm{R} - \rho,$$
$$dr = -d\rho.$$

Posons d'après cela, dans l'intégrale précédente, $-d\rho$ au lieu de dr, et remarquons en même temps qu'à la limite $r = 0$ correspond la limite $\rho = \mathrm{R}$, et à $r = \mathrm{R}$ la limite $\rho = 0$; nous aurons ainsi

$$\int_0^{\mathrm{R}} k\,dr = -\int_{\mathrm{R}}^{0} k\,d\rho = \int_0^{\mathrm{R}} k\,d\rho.$$

Au moyen de cette transformation, l'équation précédente se mettra sous cette forme, qui est mieux appropriée à notre but,

(58) $$\mathrm{X} = \varepsilon \int d\omega\, a \frac{i}{\mathrm{R}^2} \int_0^{\mathrm{R}} k\,d\rho.$$

De cette formule, qui exprime la composante X, nous pourrons déduire immédiatement celle qui exprime les composantes Y et Z. En effet, puisque a est dans cette formule la seule quantité qui soit relative à l'axe des x, nous n'aurons qu'à la remplacer, pour les deux autres composantes, par les quantités correspondantes b et c, qui sont relatives aux deux autres axes (c'est-à-dire par les cosinus des angles que le rayon vecteur fait avec les axes des y et des z). Pour abréger, nous remplacerons l'intégrale relative à ρ par une seule lettre, en posant

(59) $$\mathrm{H} = \int_0^{\mathrm{R}} k\,d\rho.$$

Les expressions des trois composantes de la force deviendront ainsi

(60) $$\begin{cases} \mathrm{X} = \varepsilon \displaystyle\int \frac{ai}{\mathrm{R}^2} \mathrm{H}\,d\omega, \\ \mathrm{Y} = \varepsilon \displaystyle\int \frac{bi}{\mathrm{R}^2} \mathrm{H}\,d\omega, \\ \mathrm{Z} = \varepsilon \displaystyle\int \frac{ci}{\mathrm{R}^2} \mathrm{H}\,d\omega. \end{cases}$$

Nous avons maintenant à différentier ces trois expressions : la première par rapport à x, la seconde par rapport à y, et la troisième par rapport à z; nous pourrons effectuer immédiatement cette différentiation sous le signe intégral, puisque l'élément de surface $d\omega$, auquel est relative l'intégrale, est indépendant des coordonnées x, y, z du point p.

Pour effectuer la différentiation, nous nous servirons des équations suivantes, données au § XVIII, dans lesquelles ξ, η, ζ représentent les coordonnées du point de la surface où se trouve l'élément de surface $d\omega$, et α, β, γ les cosinus des angles que la normale élevée à cet élément fait avec les trois axes :

$$R = \sqrt{(\xi - x)^2 + (\eta - y)^2 + (\zeta - z)^2};$$

$$a = \frac{\xi - x}{R}, \quad b = \frac{\eta - y}{R}, \quad c = \frac{\zeta - z}{R};$$

$$i = a\alpha + b\beta + c\gamma.$$

D'où il résulte

$$\frac{ai}{R^2} = \frac{(\xi - x)^2\alpha + (\xi - x)(\eta - y)\beta + (\xi - x)(\zeta - z)\gamma}{[(\xi - x)^2 + (\eta - y)^2 + (\zeta - z)^2]^2}.$$

Si l'on différentie cette expression par rapport à x, et qu'on introduise de nouveau les quantités R, a et i, on aura

$$\frac{d}{dx}\left(\frac{ai}{R^2}\right) = \frac{-a\alpha + (4a^2 - 1)i}{R^3},$$

valeur qui doit être substituée dans l'équation suivante :

$$\frac{dX}{dx} = \varepsilon \int \left[\frac{d}{dx}\left(\frac{ai}{R^2}\right) H + \frac{ai}{R^2}\frac{dH}{dx}\right] d\omega.$$

Si l'on forme de même les coefficients différentiels des deux autres composantes de la force, on obtiendra

$$(61)\quad\begin{cases}\dfrac{dX}{dx}=\varepsilon\displaystyle\int\left[\dfrac{-a\alpha+(4a^2-1)i}{R^3}H+\dfrac{ai}{R^2}\dfrac{dH}{dx}\right]d\omega,\\ \dfrac{dY}{dy}=\varepsilon\displaystyle\int\left[\dfrac{-b\beta+(4b^2-1)i}{R^3}H+\dfrac{bi}{R^2}\dfrac{dH}{dy}\right]d\omega,\\ \dfrac{dZ}{dz}=\varepsilon\displaystyle\int\left[\dfrac{-c\gamma+(4c^2-1)i}{R^3}H+\dfrac{ci}{R^2}\dfrac{dH}{dz}\right]d\omega.\end{cases}$$

Si l'on ajoute ces trois équations, en se rappelant que

$$a^2+b^2+c^2=1,$$
$$a\alpha+b\beta+c\gamma=i,$$

les termes qui ont H pour facteur se détruisent, et il reste

$$(62)\quad \frac{dX}{dx}+\frac{dY}{dy}+\frac{dZ}{dz}=\varepsilon\int\left(a\frac{dH}{dx}+b\frac{dH}{dy}+c\frac{dH}{dz}\right)\frac{i}{R^2}\,d\omega.$$

Nous avons encore à nous occuper des coefficients différentiels de H. Comme l'intégrale désignée par H, c'est-à-dire

$$\int_0^R k\,d\rho,$$

s'étend à une droite dont les extrémités sont respectivement le point (ξ, η, ζ) de la surface et le point considéré (x, y, z), nous pourrons la regarder comme une fonction des six variables ξ, η, ζ, x, y, z. Les trois dernières peuvent se représenter, en vertu des équations précédentes, par

$$x=\xi-aR,$$
$$y=\eta-bR,$$
$$z=\zeta-cR.$$

Nous pourrions encore exprimer l'une des variables a, b, c en fonction des deux autres, ou bien les exprimer toutes les trois en fonction de deux autres variables qui détermineraient la direction de la droite qui va du point déterminé sur la surface, au point p ; toutefois, il vaut mieux, pour le but que nous

nous proposons, conserver simplement les trois quantités a, b, c. Si nous supposons les valeurs précédentes de x, y, z, substituées dans l'expression de H, nous en obtiendrons une qui renfermera les quantités $\xi, \eta, \zeta, a, b, c$, R.

Pour différentier H par rapport a x, y, z, nous aurons à regarder les coordonnées ξ, η, ζ du point de la surface comme constantes; par suite, nous pourrons effectuer les différentiations, de telle sorte que H puisse être considéré comme représenté par une expression qui renferme comme variables a, b, c, R, et dans laquelle ces quatre variables seront regardées comme fonctions de x, y, z. De cette maniere, nous obtiendrons, par exemple, pour le coefficient differentiel pris par rapport à x, l'expression suivante :

$$\frac{dH}{dx} = \frac{dH}{da}\frac{da}{dx} + \frac{dH}{db}\frac{db}{dx} + \frac{dH}{dc}\frac{dc}{dx} + \frac{dH}{dR}\frac{dR}{dx}.$$

Or, en vertu des valeurs précédentes de a, b, c et R, nous aurons à poser

$$\frac{da}{dx} = \frac{-1+a}{R}, \quad \frac{db}{dx} = \frac{ab}{R}, \quad \frac{dc}{dx} = \frac{ac}{R}, \quad \frac{dR}{dx} = -a;$$

de sorte que l'équation précédente devient

$$\frac{dH}{dx} = \frac{dH}{da}\cdot\frac{-1+a^2}{R} + \frac{dH}{db}\cdot\frac{ab}{R} + \frac{dH}{dc}\cdot\frac{ac}{R} - \frac{dH}{dR}a;$$

ou bien, en ordonnant d'une autre manière,

$$(63) \qquad \frac{dH}{dx} = \frac{1}{R}\left[-\frac{dH}{da} + a\left(a\frac{dH}{da} + b\frac{dH}{db} + c\frac{dH}{dc}\right)\right] - a\frac{dH}{dR}.$$

Le coefficient différentiel $\frac{dH}{dR}$, qui figure dans le dernier terme de cette équation, a une signification tres-simple. On a en effet

$$(64) \qquad \frac{dH}{dR} = \frac{d}{dR}\int_0^R k\,d\rho,$$

où k représente la densité du corps au point qui se trouve a une distance ρ du point (ξ, η, ζ) de la surface, sur la droite qui unit ce dernier au point p. La position de ce lieu et, par suite, la densité k qui y règne sont déterminées par les quantités a, b, c et ρ, le point de la surface étant supposé donné. Comme en outre, dans l'intégration relative à ρ, les quantités a, b, c, qui déterminent la direction de la droite, doivent être regardées comme constantes, et que ρ seul est variable, on pourra, dans l'intégrale précédente, regarder k comme étant simplement fonction de ρ. Or on sait que le coefficient différentiel d'une intégrale pris par rapport à sa limite supérieure est représenté par une équation de la forme

$$\frac{d}{dR}\int^{R} f(\rho)\,d\rho = f(R).$$

Si nous appliquons ce résultat au cas actuel, $f(R)$ sera la valeur que prendra la densité k au point de la droite qui est à une distance R de la surface, c'est-à-dire au point considéré p. Si nous désignons cette valeur particulière de k par k_p, l'équation précédente pourra s'écrire

$$\frac{d}{dR}\int_{0}^{R} k\,d\rho = k_p,$$

et l'équation (64) déviendra, par suite,

$$(65)\qquad \frac{dH}{dR} = k_p.$$

Si nous substituons cette valeur dans l'équation (63), et si nous formons de la même manière les expressions analogues des deux autres coefficients différentiels $\frac{dH}{dy}$ et $\frac{dH}{dz}$, nous obtiendrons

$$(66)\quad \begin{cases} \dfrac{dH}{dx} = \dfrac{1}{R}\left[-\dfrac{dH}{da} + a\left(a\dfrac{dH}{da} + b\dfrac{dH}{db} + c\dfrac{dH}{dc}\right)\right] - ak_p, \\ \dfrac{dH}{dy} = \dfrac{1}{R}\left[-\dfrac{dH}{db} + b\left(a\dfrac{dH}{da} + b\dfrac{dH}{db} + c\dfrac{dH}{dc}\right)\right] - bk_p, \\ \dfrac{dH}{dz} = \dfrac{1}{R}\left[-\dfrac{dH}{dc} + c\left(a\dfrac{dH}{da} + b\dfrac{dH}{db} + c\dfrac{dH}{dc}\right)\right] - ck_p. \end{cases}$$

Si nous multiplions ces équations respectivement par a, b, c, et si nous faisons la somme, tous les termes du second membre renfermés entre parenthèses carrées se détruiront, et les trois autres termes se réduiront en un seul, ce qui donnera

$$(67) \qquad a\frac{dH}{dx}+b\frac{dH}{dy}+c\frac{dH}{dz}=-h_p.$$

En substituant cette valeur dans l'équation (6?), celle-ci devient

$$\frac{dX}{dx}+\frac{dY}{dy}+\frac{dZ}{dz}=-\varepsilon\int h_p\frac{i}{R^2}d\omega.$$

Comme k_p est une quantité qui ne varie pas lorsqu'on passe d'un élément de surface à un autre, et qui, par suite, est constante dans l'intégrale précédente, nous pourrons la faire sortir du signe intégral, et nous aurons

$$(68) \qquad \frac{dX}{dx}+\frac{dY}{dy}+\frac{dZ}{dz}=-\varepsilon h_p\int\frac{i}{R^2}d\omega.$$

Actuellement, nous remplacerons l'élément de surface $d\omega$, en fonction de l'élément d'angle solide $d\sigma$, au moyen de l'équation suivante, dont nous avons déjà fait usage au commencement de ce paragraphe :

$$d\sigma=\frac{i}{R^2}d\omega.$$

Nous aurons ainsi

$$(69) \qquad \frac{dX}{dx}+\frac{dY}{dy}+\frac{dZ}{dz}=-\varepsilon h_p\int d\sigma.$$

Cette intégrale doit s'étendre à tout l'espace angulaire solide, et donne, par suite, 4π ; de sorte que l'équation deviendra

$$(70) \qquad \frac{dX}{dx}+\frac{dY}{dy}+\frac{dZ}{dz}=-4\pi\varepsilon k_p.$$

Si l'on remplace enfin les composantes de la force qui entrent dans cette équation par les coefficients différentiels du premier ordre de la fonction potentielle, et, par suite, les coefficients différentiels du premier ordre des composantes de la force par ceux du second ordre de la fonction potentielle, l'équation s'écrira

$$\frac{d^2V}{dx^2} + \frac{d^2V}{dy^2} + \frac{d^2V}{dz^2} = -4\pi\varepsilon k_p,$$

ou bien

$$\Delta V = -4\pi\varepsilon k_p.$$

Nous sommes donc arrivé à notre équation au moyen de quelques calculs fort simples, et qui ne reposent que sur les principes fondamentaux du calcul différentiel et intégral.

§ XXI.

EXTENSION DE LA SIGNIFICATION DES FORMULES DONNÉES AU PARAGRAPHE PRÉCÉDENT AU CAS D'UN CORPS DE FORME QUELCONQUE, TANT POUR UN POINT EXTÉRIEUR QUE POUR UN POINT INTÉRIEUR A CE CORPS.

Dans la démonstration précédente, nous avons supposé que le point p se trouve à une distance finie de la surface du corps donné, et, par là, nous avons pu introduire, relativement à la forme du corps à considérer, une simplification consistant en ce que la surface de ce corps n'était rencontrée qu'une fois par chaque rayon vecteur émanant du point p. En effet, si la surface du corps donné ne satisfaisait pas à cette condition, au lieu de considérer le corps tout entier, nous n'aurions qu'à en considérer une partie limitée par une surface environnant le point p à une distance finie et satisfaisant à cette condition, et nous pourrions nous borner à considérer cette dernière partie du corps, puisque, pour toute la partie extérieure à cette surface, l'équation $\Delta V = 0$ est vérifiée.

Mais, si nous voulons également étendre nos recherches au cas où le point p est infiniment voisin de la surface, nous ne pourrons pas introduire cette simplification relative à la forme du corps, mais nous devrons tout au moins conserver à la portion de surface immédiatement voisine du point p sa forme primitive. Avant donc de passer à l'étude du cas particulier où le point p est infiniment voisin de la surface, je vais démontrer que la simplification relative à la forme de la surface et destinée à faciliter la démonstration n'est pas essentielle, mais que toutes les formules développées dans le paragraphe précédent restent valables, quelle que soit la forme du corps. On verra en même temps que ces formules sont applicables non-seulement à un point situé à l'intérieur du corps, mais encore à un point extérieur.

Dans ce but, nous envisagerons le sujet d'une manière un peu différente.

A l'intérieur du corps donné, la densité, comme nous le supposons, est représentée par une fonction des coordonnées qui varie d'une manière continue seulement. Supposons maintenant que cette fonction s'étende d'une manière continue quelconque au delà des limites du corps, de sorte que k désigne une fonction continue pour tous les points, tant à l'extérieur qu'à l'intérieur du corps donné. D'apres cela, pour un point situé à l'extérieur du corps, k ne désignera pas la densité réelle, qui est nulle en ce point, mais celle qui aurait lieu si le corps s'étendait jusqu'à ce point avec la densité exprimée par cette même fonction.

Actuellement, pour déterminer la composante X pour un point p situé à l'intérieur ou à l'extérieur du corps donné, partons de nouveau, comme dans le paragraphe précédent, de l'équation (28 que nous écrirons sous la forme suivante :

$$X = \varepsilon \int d\sigma\, a \int k\, dr.$$

Supposons d'abord l'intégration relative à r, c'est-a-dire

$$\int k\, dr,$$

effectuée.

Les limites de cette intégrale doivent être choisies de manière a répondre à la forme du corps et à la position du point p.

Si ce point se trouve à l'intérieur du corps, le rayon vecteur coupera la surface une ou trois, ou en général un nombre *impair* de fois; et la partie de ce rayon, comprise entre le point p et la première intersection, sera située à l'intérieur du corps, la partie comprise entre la première et la seconde intersection à l'extérieur, entre la seconde et la troisième à l'intérieur, et ainsi de suite. Or, comme l'intégration ne doit être effectuée que pour les parties du rayon vecteur qui sont à l'intérieur du corps donné, en désignant successivement par R_1, R_2, R_3,... les valeurs de r aux différents points d'intersection, nous obtiendrons la somme suivante d'intégrales

$$\int_0^{R_1} k\,dr + \int_{R_2}^{R_3} k\,dr + \ldots.$$

Au lieu de la mettre sous cette forme, nous imaginerons une série d'intégrales dont chacune s'étend depuis zéro jusqu'à l'une des intersections avec la surface. Pour les parties du rayon vecteur qui sont à l'extérieur du corps, nous ne ferons pas $k = 0$, mais nous donnerons à k les valeurs qui répondent à la fonction que nous avons adoptée comme valable, tout aussi bien à l'extérieur qu'à l'intérieur du corps. Les intégrales ainsi obtenues devront être alternativement positives et négatives, et la somme précédente se transformera ainsi en

$$\int_0^{R_1} k\,dr - \int_0^{R_2} k\,dr + \int_0^{R_3} k\,dr - \ldots.$$

Si le point p se trouve à l'extérieur du corps, chaque rayon vecteur coupera la surface un nombre *pair* de fois, et la partie comprise depuis p jusqu'à la première intersection sera située à l'extérieur du corps, la partie comprise entre la première et la seconde intersection à l'intérieur, et ainsi de suite. La somme des intégrales sera donc

$$\int_{R_1}^{R_2} k\,dr + \ldots,$$

ou bien, en la transformant comme précédemment,

$$-\int_0^{R_1} k\,dr + \int_0^{R_2} k\,dr - \ldots.$$

Par la substitution de ces valeurs, l'équation qui sert à déterminer X prendra les formes suivantes : si le point p est à l'intérieur du corps,

$$(71)\quad X = \varepsilon\int d\sigma\, a\left(\int_0^{R_1} k\,dr - \int_0^{R_2} k\,dr + \int_0^{R_3} k\,dr - \ldots\right);$$

s'il est à l'extérieur,

$$(71a)\quad X = \varepsilon\int d\sigma\, a\left(-\int_0^{R_1} k\,dr + \int_0^{R_2} k\,dr - \ldots\right).$$

Introduisons maintenant au lieu de l'élément d'angle solide $d\sigma$, l'élément de surface $d\omega$, en vertu de l'équation

$$d\sigma = \pm \frac{i}{R^2}\,d\omega.$$

Il est à remarquer, comme nous l'avons développé au § XVII, qu'à chaque élément $d\sigma$ répondent autant d'éléments $d\omega$ que le rayon vecteur considéré a d'intersections avec la surface, c'est-à-dire précisément autant qu'il y a d'intégrales relatives à r dans les équations précédentes; et, en outre, que l'on doit prendre le signe + ou le signe — suivant que l'intégrale a elle-même l'un ou l'autre de ces signes. De cette manière, les expressions se simplifieront et prendront toutes deux une seule et même forme, à savoir :

$$X = \varepsilon\int d\omega\, a\,\frac{i}{R^2}\int_0^{R} k\,dr,$$

où R désigne la longueur du rayon vecteur mené à l'élément de surface considéré, et où la seconde intégration doit s'étendre à toute la surface.

Au lieu de l'intégrale relative à r, nous pouvons, comme

dans le paragraphe précédent, écrire l'intégrale correspondante relative à $\rho = R - r$; et, pour abréger, nous représenterons de nouveau cette intégrale par une seule lettre, en posant

$$H = \int_0^R k\,dr = \int_0^R k\,d\rho.$$

Si nous formons les expressions des composantes Y et Z de la même manière que celle de X, nous obtiendrons, pour ces trois expressions,

$$X = \varepsilon \int \frac{ai}{R^2} H\,d\omega,$$

$$Y = \varepsilon \int \frac{bi}{R^2} H\,d\omega,$$

$$Z = \varepsilon \int \frac{ci}{R^2} H\,d\omega.$$

Ce sont là les équations que nous avons données sous le n° 60 dans le paragraphe précédent; mais elles ont acquis, par l'analyse actuelle, une signification plus étendue, puisqu'elles s'appliquent à des corps de forme quelconque, et aussi bien pour un point situé à l'extérieur que pour un point situé à l'intérieur du corps.

Au moyen de ces expressions, nous pourrons effectuer les mêmes calculs que dans le paragraphe précédent, et nous arriverons ainsi à l'équation (68) déjà trouvée

$$\frac{dX}{dx} + \frac{dY}{dy} + \frac{dZ}{dz} = -\varepsilon k_p \int \frac{i}{R^2}\,d\omega,$$

qu'on peut écrire

$$\Delta V = -\varepsilon k_p \int \frac{i}{R^2}\,d\omega. \tag{72}$$

L'intégrale qui se présente ici est la même que celle qui entre dans l'équation (49) déduite au § XVIII pour un corps homogène; nous pourrons donc y appliquer immédiatement ce que nous avons dit sur la valeur de cette intégrale. Or il a été démontré que, pour le cas où le point p est à l'extérieur du corps, l'intégrale est nulle, et que, pour le cas où il est à l'intérieur, l'intégrale est égale à 4π. Il en résulte que l'équation précédente prendra, pour ces deux cas, les deux formes dont il s'agit, c'est-à-dire

$$\Delta V = 0,$$
$$\Delta V = -4\pi\varepsilon h_p.$$

§ XXII.

CONSIDÉRATION PARTICULIÈRE DU CAS OU LE POINT p SE TROUVE DANS LE VOISINAGE IMMÉDIAT DE LA SURFACE.

Il nous reste encore à rechercher ce que deviennent les coefficients différentiels du premier ordre des composantes de la force, ou ceux du second ordre de la fonction potentielle, que nous avons considérés dans les paragraphes précédents, lorsque le point p, qu'il soit à l'intérieur ou à l'extérieur du corps, s'approche indéfiniment de la surface; il s'agit de savoir s'ils conservent encore, dans ce cas, des valeurs finies et déterminées, dont la somme est égale à zéro ou à $-4\pi\varepsilon h_p$, ou bien s'ils prennent des valeurs infiniment grandes dans le voisinage immédiat de la surface, ce qui pourrait faire surgir des doutes sur la valeur de leur somme.

Reprenons les expressions de X, Y, Z données sous le n° 60 et dont nous avons démontré la généralité dans le paragraphe précédent. En les différentiant, on obtient les équations (61) que nous reproduisons ci-dessous:

$$\frac{dX}{dx} = \varepsilon\int\left[\frac{-a\alpha + (4a^2 - 1)i}{R^3}H + \frac{ai}{R^2}\frac{dH}{dx}\right]d\omega,$$
$$\frac{dY}{dy} = \varepsilon\int\left[\frac{-b\beta + (4b^2 - 1)i}{R^3}H + \frac{bi}{R^2}\frac{dH}{dy}\right]d\omega,$$
$$\frac{dZ}{dz} = \varepsilon\int\left[\frac{-c\gamma + (4c^2 - 1)i}{R^3}H + \frac{ci}{R^2}\frac{dH}{dz}\right]d\omega.$$

Les expressions qui figurent sous les signes d'intégration renferment au dénominateur des puissances de la quantité R, qui est la distance de l'élément de surface considéré $d\omega$ au point p. Or, comme R devient infiniment petit pour les éléments de surface les plus voisins de p, lorsque ce point s'approche indéfiniment de la surface, on peut se demander si toutes les intégrales conservent néanmoins des valeurs finies et déterminées, ou si quelques-unes d'entre elles deviennent infinies.

Pour décider cette question, nous rechercherons s'il est possible de transformer ces intégrales de telle sorte que la fonction à intégrer reste finie pour tous les éléments de la variable par rapport à laquelle on doit effectuer l'intégration.

Il est très-facile de transformer de cette manière tous les termes des expressions précédentes qui ont i pour facteur. Il suffit, pour cela, que l'élément de surface $d\omega$, que nous avons introduit dans les expressions de X, Y, Z, au lieu de l'élément d'angle solide $d\sigma$, afin de pouvoir différentier sous le signe intégral relativement à x, y, z, soit remplacé de nouveau, après la différentiation, en fonction de l'élément d'angle solide, au moyen de la relation

$$d\sigma = \pm \frac{i}{R^2}\, d\omega.$$

Ces trois équations deviendront ainsi

$$(73)\quad \left\{\begin{aligned} \frac{dX}{dx} &= -\varepsilon \int \frac{H}{R}\frac{a\alpha}{R^2}\, d\omega + \varepsilon \int \pm \left[(4a^2 - 1)\frac{H}{R} + a\frac{dH}{dx}\right] d\sigma,\\ \frac{dY}{dy} &= -\varepsilon \int \frac{H}{R}\frac{b\beta}{R^2}\, d\omega + \varepsilon \int \pm \left[(4b^2 - 1)\frac{H}{R} + b\frac{dH}{dy}\right] d\sigma,\\ \frac{dZ}{dz} &= -\varepsilon \int \frac{H}{R}\frac{c\gamma}{R^2}\, d\omega + \varepsilon \int \pm \left[(4c^2 - 1)\frac{H}{R} + c\frac{dH}{dz}\right] d\sigma; \end{aligned}\right.$$

dans les intégrales relatives à $d\sigma$, on doit prendre autant de valeurs des expressions renfermées entre parenthèses carrées qu'il y a d'intersections du rayon vecteur considéré avec la surface, et on leur donnera le signe + ou — suivant que le rayon vecteur, en croissant à partir du point d'intersection, sort du corps ou y entre.

Il est clair maintenant que les expressions entre parenthèses carrées restent finies pour tous les éléments $d\sigma$. En effet, puisque

$$H = \int_0^R k\,d\rho,$$

on voit aisément que la fraction $\frac{H}{R}$ doit rester finie pour autant que la quantité k ne devienne infinie en aucun point de l'espace considéré, ce que nous supposons. De même, il est clair que les coefficients différentiels $\frac{dH}{dx}$, $\frac{dH}{dy}$, $\frac{dH}{dz}$ doivent rester finis pour autant que la quantité k ne varie pas d'une manière discontinue dans l'espace considéré, condition qui est également satisfaite, vu la manière dont nous avons défini la quantité k au paragraphe précédent, même pour des points qui se trouvent situés sur la surface. Les seules autres quantités qui entrent dans ces expressions sont a, b, c, qui représentent des cosinus, et ne peuvent, par suite, devenir infinis. D'après cela, il est clair que les intégrales qui se présentent dans les équations (73) et qui sont relatives à $d\sigma$ satisfont à la condition posée plus haut, à savoir : que les expressions à intégrer restent finies pour tous les éléments $d\sigma$.

Il ne nous reste donc plus à considérer que les trois intégrales

$$\int \frac{H}{R}\frac{a\alpha}{R^2}\,d\omega,\quad \int \frac{H}{R}\frac{b\beta}{R^2}\,d\omega,\quad \int \frac{H}{R}\frac{c\gamma}{R^2}\,d\omega.$$

L'une de ces intégrales peut encore se ramener aux deux autres. En effet, en vertu de l'équation

$$i = a\alpha + b\beta + c\gamma,$$

nous pourrons, dans la dernière de ces intégrales, remplacer $c\gamma$ par

$$i - a\alpha - b\beta,$$

et ensuite $\frac{i}{R^2}\,d\omega$ par $\pm\,d\sigma$, ce qui donnera

$$(74)\quad \int \frac{H}{R}\frac{c\gamma}{R^2}\,d\omega = \int \pm\frac{H}{R}\,d\sigma - \int \frac{H}{R}\frac{a\alpha}{R^2}\,d\omega - \int \frac{H}{R}\frac{b\beta}{R^2}\,d\omega.$$

D'après ce que nous avons dit plus haut, nous n'aurons plus à nous occuper de l'intégrale relative à $d\sigma$, et les deux autres intégrales du second membre sont les deux premières des trois intégrales mentionnées.

Dans la recherche de ces intégrales, nous choisirons ici, pour n'être pas trop prolixe, un système de coordonnées appropriées à cette recherche. Supposons une normale abaissée sur la surface du point considéré p, et prenons l'axe des z parallèle à cette normale. Comme l'origine des coordonnées peut être choisie arbitrairement sans que la généralité de nos recherches en soit amoindrie, nous choisirons le pied de la normale comme origine, par suite la normale elle-même comme axe des z, et le plan tangent à la surface en ce point comme plan des xy. Dans ce cas, les coordonnées x et y du point p sont nulles, et les expressions (43) données au § XVIII pour la détermination de a et de b deviendront, pour un point de la surface dont les coordonnées sont ξ, η, ζ,

$$a = \frac{\xi}{R}, \quad b = \frac{\eta}{R};$$

nous aurons à substituer ces expressions dans nos intégrales.

Quant à l'extension qu'il convient de donner aux intégrales, nous pourrons la limiter à la partie de la surface dont les éléments sont très-voisins du point p, car, pour tous les éléments de surface plus éloignés pour lesquels R n'est plus infiniment petit, les expressions sous le signe intégral ne peuvent pas devenir infinies, et, par suite, nous n'avons pas à nous occuper des parties de ces intégrales qui correspondent aux parties plus éloignées de la surface. Nous désignerons par A et B les intégrales ainsi limitées, qui deviendront, après la substitution des valeurs précédentes de a et de b,

$$(75) \qquad A = \int \frac{H}{R} \frac{\xi\alpha}{R^3} d\omega, \quad B = \int \frac{H}{R} \frac{\eta\beta}{R^3} d\omega.$$

Ces intégrales ne doivent s'étendre qu'à une très-petite portion de la surface autour de l'origine.

Or, si l'équation de la surface est donnée sous la forme

$$(76) \qquad \zeta = f(\xi, \eta),$$

les cosinus des angles que la normale élevée en un point quelconque de cette surface fait avec les axes sont déterminés par

$$\alpha = -\frac{\frac{d\zeta}{d\xi}}{\sqrt{1+\left(\frac{d\zeta}{d\xi}\right)^2+\left(\frac{d\zeta}{d\eta}\right)^2}},$$

$$\beta = -\frac{\frac{d\zeta}{d\eta}}{\sqrt{1+\left(\frac{d\zeta}{d\xi}\right)^2+\left(\frac{d\zeta}{d\eta}\right)^2}},$$

$$\gamma = \frac{1}{\sqrt{1+\left(\frac{d\zeta}{d\xi}\right)^2+\left(\frac{d\zeta}{d\eta}\right)^2}}.$$

A l'aide de la dernière de ces trois équations, les premières deviennent

$$(77) \qquad \begin{cases} \alpha = -\dfrac{d\zeta}{d\xi}\gamma, \\ \beta = -\dfrac{d\zeta}{d\eta}\gamma. \end{cases}$$

Si nous substituons la valeur de α dans la première des équations (75), nous aurons

$$(78) \qquad \mathrm{A} = -\int \frac{\mathrm{H}}{\mathrm{R}} \cdot \frac{\xi \frac{d\zeta}{d\xi}}{\mathrm{R}^3} \gamma \, d\omega.$$

Le produit $\gamma d\omega$ est la projection de l'élément $d\omega$ sur le plan des xy, ou, si nous imaginons que toute la portion de surface considérée soit projetée sur ce plan, nous pourrons regarder $\gamma d\omega$ comme un élément de cette projection et effectuer l'intégration relativement à celle-ci. Pour cela, imaginons un système de coordonnées polaires dans le plan des xy, et dont l'origine soit la même que celle des coordonnées rectangulaires; désignons par u le rayon vecteur mené à un point quelconque du plan, et par φ l'angle que ce rayon fait avec l'axe des x. Un élément du plan sera représenté par

$$u\,du\,d\varphi,$$

et nous pourrons mettre cette expression à la place de $\gamma d\omega$. Si nous remarquons en même temps que

$$\xi = u\cos\varphi,$$

l'équation (78) deviendra

$$(79)\qquad A = -\int\!\!\int \frac{H}{R}\cdot\frac{\cos\varphi\,\frac{d\zeta}{d\xi}\,u^2}{R^3}\,du\,d\varphi.$$

Nous avons enfin à considérer encore le coefficient différentiel $\frac{d\zeta}{d\xi}$. A l'origine des coordonnées, puisque le plan des xy est tangent en ce point à la surface, les coefficients différentiels $\frac{d\zeta}{d\xi}$ et $\frac{d\zeta}{d\eta}$ sont nuls; et aux environs de ce point, *à supposer que la courbure de la surface y soit finie*, nous pourrons poser

$$(80)\qquad \frac{d\zeta}{d\xi} = mu, \qquad \frac{d\zeta}{d\eta} = nu,$$

m et n désignant deux fonctions de u et de φ qui ne deviennent pas infinies pour de très-petites valeurs de u. L'équation 79 pourra donc s'écrire

$$(81)\qquad A = -\int\!\!\int \frac{H}{R}\,\frac{m\cos\varphi\,u^3}{R^3}\,du\,d\varphi.$$

L'intégrale B peut être transformée de la même manière et devient

$$(82)\qquad B = -\int\!\!\int \frac{H}{R}\,\frac{n\sin\varphi\,u^3}{R^3}\,du\,d\varphi.$$

Or, comme la quantité R, déterminée par l'équation

$$R = \sqrt{u^2 + (\zeta - z)^2},$$

ne peut pas devenir moindre que u, la fraction $\frac{u^3}{R^3}$ ne peut pas devenir infinie, et il en est de même, comme nous l'avons vu, de la fraction $\frac{H}{R}$. Les intégrales A et B sont donc mises sous une forme telle, qu'elles satisfont à la condition que la fonction à intégrer reste finie pour toutes les valeurs par lesquelles passent les variables relativement auxquelles l'intégration doit s'effectuer.

Après qu'il a été établi que les coefficients différentiels $\frac{dX}{dx}$, $\frac{dY}{dy}$, $\frac{dZ}{dz}$ conservent toujours des valeurs finies et déterminées, même quand le point devient infiniment voisin de la surface, il n'est pas douteux que la somme de ces trois coefficients, représentée par ΔV, ne conserve à l'extérieur et à l'intérieur du corps les valeurs o et $-4\pi\varepsilon k_p$ jusque dans le voisinage immédiat de la surface. Au moment où le point p traverse la surface et passe de l'espace vide extérieur au corps dans celui-ci, la moitié des éléments $d\sigma$ changent tout à coup de signe, et de là résulte la variation brusque de valeur de ΔV.

§ XXIII.

INFLUENCE EXERCÉE PAR CETTE CIRCONSTANCE QUE LA COURBURE DE LA SURFACE EST INFINIE AU LIEU CONSIDÉRÉ.

Dans l'analyse précédente nous avons supposé que la courbure est finie au lieu considéré, cette restriction toutefois n'est pas nécessaire. Supposons qu'au lieu des équations (80) nous ayons les suivantes :

$$(83) \qquad \frac{d\zeta}{d\xi} = m u^{\mu}, \quad \frac{d\zeta}{d\eta} = n u^{\nu};$$

si les exposants μ et ν sont plus petits que 1, la courbure sera infinie au point considéré qui est en même temps l'origine des coordonnées. Néanmoins, les intégrales A et B conservent des valeurs finies et déterminées pour autant que les exposants aient des valeurs *positives assignables*.

Si nous substituons en effet dans (79) à $\frac{d\zeta}{d\xi}$ l'expression précédente et à R sa valeur, nous aurons, au lieu de l'équation (81),

$$A = -\int\int \frac{H}{R} \frac{m \cos\varphi\, u^{2+\mu}}{[u^2 + (\zeta - z)^2]^{\frac{3}{2}}} du\, d\varphi.$$

Changeons de variable indépendante, en posant

$$u' = u^{\mu},$$

d'où résulte

$$u = u'^{\frac{1}{\mu}}$$

$$du = \frac{1}{\mu} u'^{\frac{1}{\mu}-1} du'.$$

L'expression précédente deviendra ainsi

$$(84) \qquad A = -\frac{1}{\mu}\int\int \frac{H}{R} \frac{m \cos\varphi\, u'^{\frac{3}{\mu}}}{\left[u'^{\frac{2}{\mu}} + (\zeta - z)^2\right]^2} du'\, d\varphi.$$

Le dénominateur ne pouvant pas devenir plus petit que $u'^{\frac{3}{\mu}}$, la fonction à intégrer reste donc finie. Il en sera naturellement de même de l'intégrale B qui ne diffère de la précédente qu'en ce que les quantités m, μ et $\cos\varphi$ y sont respectivement remplacées par n, ν et $\sin\varphi$.

Ces conclusions ne cesseront d'être valables que si la surface du corps, au lieu où se trouve le point p, a une forme telle, que même les équations (83) ne soient plus applicables avec des valeurs positives assignables de μ et ν, c'est-à-dire lorsque, comme Gauss l'exprime dans un autre sujet, les coefficients différentiels $\frac{d\zeta}{d\xi}$ et $\frac{d\zeta}{d\eta}$ ne sont plus de l'ordre d'aucune puissance de u. Ce cas se présente particulièrement pour des pointes et des arêtes absolument aiguës, pour lesquelles il n'existe pas de plan tangent déterminé. Toutefois, on peut aussi imaginer des cas dans lesquels il existe encore un plan tangent déterminé, sans que cependant les équations (83 soient applicables. Gauss cite comme un exemple de cette nature, le cas où les coefficients différentiels seraient de l'ordre $\frac{1}{\log \frac{1}{u}}$. De tels cas peuvent être rangés relativement à la question qui nous occupe dans la catégorie de ceux où la surface forme réellement des pointes et des arêtes. Quant à ces derniers cas, on peut se convaincre aisément qu'à une distance infiniment petite d'une pointe ou d'une arête, les coefficients différentiels $\frac{dX}{dx}$, $\frac{dY}{dy}$ et $\frac{dZ}{dz}$ deviennent séparément infinis, et quand même dans leur somme les termes infinis seraient égaux et de signes contraires, on ne peut cependant pas assigner tout d'abord une valeur finie et déterminée à une somme algébrique, dans laquelle se présentent des termes infinis.

§ XXIV.

RÉDUCTION DU CAS OU IL SE PRÉSENTE UNE VARIATION BRUSQUE DE DENSITÉ DANS LE VOISINAGE DU POINT p, AU CAS PRÉCÉDENT.

On peut ramener au cas considéré dans les deux paragraphes précédents, où le point p se trouve dans le voisinage de la surface, celui où ce point se trouverait à une distance finie de celle-ci dans l'intérieur du corps, mais où la densité du corps dans le voisinage de ce point subirait une variation brusque.

Soit donné un corps séparé par une surface intérieure en deux parties qui sont constituées d'une manière différente, relativement à leur densité. Représentons la densité de l'une de ces parties par k', qui est une fonction continue des coordonnées. Représentons la densité de l'autre partie par $k' + k''$, où k' représente la même fonction que plus haut, et k'' une autre fonction qui varie également d'une manière continue partout où elle est applicable, mais qui à partir de cette surface où elle a encore une valeur finie n'est plus applicable dans l'une des directions, de sorte que la valeur que k'' a dans cette surface représente la grandeur du saut. Imaginons maintenant que dans l'espace où règne la densité $k' + k''$, il se trouve deux corps disposés l'un au-dessus de l'autre, de telle sorte qu'ils remplissent tous deux le même espace, l'un avec la densité k' et l'autre avec la densité k''. Le premier forme avec la portion du corps qui se trouve à l'autre côté de la surface un corps continu dont la densité est représentée partout par la fonction continue k', et que nous nommerons C'. Quant au second, qui a la densité k'', nous le considérerons comme un corps séparé que nous appellerons C'' et dont la surface est constituée en partie par cette surface de séparation.

D'après cela, on pourra considérer la fonction potentielle du corps donné tout entier comme décomposée dans les fonctions potentielles V' et V'' des deux corps C' et C''. On aura donc

$$V = V' + V'',$$

d'où résulte

$$\Delta V = \Delta V' + \Delta V''.$$

La première des deux quantités du second membre ne varie que d'une manière continue lorsque le point p traverse la surface de séparation, parce que le point p dans ce mouvement reste à l'intérieur du corps C', et elle a pour valeur des deux côtés de la surface $-4\pi\varepsilon k'_p$, où k'_p représente la valeur déterminée de la fonction k' au point p. La seconde quantité, au contraire, varie d'une manière brusque. D'un côté de la surface (c'est-à-dire à l'extérieur du corps C'') elle est nulle jusque dans le voisinage immédiat de la surface; de l'autre côté (c'est-à-dire à l'intérieur du corps C'') elle est égale à $-4\pi\varepsilon k''_p$, également jusque dans le voisinage immédiat de la surface. Nous aurons donc au total : d'un côté de la surface

$$\Delta V = -4\pi\varepsilon k'_p,$$

de l'autre côté de la surface

$$\Delta V = -4\pi\varepsilon(h'_p + h''_p).$$

Si nous désignons comme plus haut la densité totale par k, en représentant actuellement par k une fonction qui subit une interruption de continuité en ce que, d'un côté de la surface $k = k'$, tandis que de l'autre côté $k = h' + h''$, nous pourrons comprendre les deux équations précédentes sous une seule équation qui sera applicable en tous les lieux du corps:

$$\Delta V = -4\pi\varepsilon k_p,$$

et qui est notre équation (II). A la surface même, la densité n'a pas de valeur déterminée, et l'équation exprime par suite que ΔV est aussi indéterminé à la surface.

Ce n'est que dans le cas où il y a une variation brusque de densité dans le voisinage immédiat du point p et où en même temps la surface dans laquelle cette variation se présente forme une pointe ou une arête au lieu considéré, qu'il y a indétermination dans l'équation, absolument comme cela a lieu dans le voisinage de la surface pour le cas analogue.

§ XXV.

ACCUMULATION D'UN AGENT SUR UNE SURFACE.

Il arrive quelquefois que l'on a affaire à une quantité d'un agent dont on suppose, non qu'elle remplisse complétement un espace, mais qu'*elle est seulement répandue d'une manière continue sur une surface*. On sait, par exemple, que l'électricité que l'on communique à un corps conducteur ne remplit pas l'intérieur du corps à l'état d'équilibre, mais qu'elle est seulement accumulée à sa surface. A la vérité, ce ne peut pas être une surface mathématique qui renferme la quantité d'électricité, mais une couche d'une épaisseur très-faible; toutefois, dans le calcul, on néglige cette épaisseur dans la plupart des recherches, et l'on suppose que toute la quantité d'électricité est répandue sur une surface mathématique.

Nous aurons à rechercher si, dans ces conditions, la fonction potentielle et ses coefficients différentiels jouissent de nouvelles propriétés remarquables.

§ XXVI.

DÉTERMINATION DE LA FONCTION POTENTIELLE POUR UNE FIGURE PLANE UNIFORMÉMENT RECOUVERTE PAR L'AGENT.

Nous commencerons par étudier un cas particulier simple, qui est surtout propre à faire ressortir clairement les particularités liées à cette condition; après avoir traité ce cas, nous pourrons aborder le cas général d'une manière plus brève qu'il n'eût été possible de le faire tout d'abord sans nuire à la clarté du sujet. Nous admettrons donc provisoirement que *la surface recouverte par l'agent est une portion de plan, et que la répartition de l'agent sur cette surface est uniforme.*

Si la quantité de l'agent qui se trouve sur un élément $d\omega$ de la surface est $hd\omega$, nous appellerons h la *densité* de l'agent, et nous pourrons, lorsque la distinction sera nécessaire, donner à cette densité, qui se rapporte à une surface, le nom de *densité superficielle*, par opposition à celle qui est relative à un espace solide. En présentant par r la distance de l'élément $d\omega$ au point p, nous aurons, pour déterminer la fonction potentielle, l'équation

$$(85) \qquad V = \varepsilon h \int \frac{d\omega}{r},$$

où l'intégrale s'étend à toute la superficie de la figure plane qui est recouverte par l'agent.

Pour mettre cette intégrale sous une forme appropriée à notre but, prenons le plan de la figure pour plan des xy. Si du point p, de coordonnées x, y, z, nous abaissons une perpendiculaire sur ce plan, le pied de cette perpendiculaire aura pour coordonnées x, y et o. Nous le choisirons comme centre d'un système de coordonnées polaires dans le plan, et nous désignerons par u le rayon vecteur, et par φ l'angle de ce rayon avec l'axe des x. Nous pourrons poser

$$d\omega = u\,du\,d\varphi,$$

et si nous désignons par ξ et η les coordonnées de cet élément de surface, nous aurons également

$$u = \sqrt{(\xi - x)^2 + (\eta - y)^2},$$
$$r = \sqrt{(\xi - x)^2 + (\eta - y)^2 + z^2} = \sqrt{u^2 + z^2};$$

l'expression de V deviendra donc

$$(86) \qquad V = \varepsilon h \int\int \frac{u\,du\,d\varphi}{\sqrt{u^2 + z^2}}.$$

L'intégration relative à u peut s'effectuer immédiatement. On a en effet d'une manière générale

$$\int \frac{u\,du}{\sqrt{u^2 + z^2}} = \sqrt{u^2 + z^2},$$

et il ne s'agit plus que de prendre cette expression entre les limites qui conviennent aux circonstances. Il y aura sous ce rapport une différence essentielle, selon que le pied de la perpendiculaire abaissée de p sur le plan tombera à l'intérieur ou à l'extérieur de la figure recouverte par l'agent. Le cas le plus important pour la suite est celui où il tombe à l'*intérieur*, et c'est ce cas que nous examinerons.

L'intégrale devra alors être prise depuis l'origine du rayon vecteur jusqu'à son intersection avec le périmètre de la figure, et si celle-ci est d'une forme telle, que le rayon vecteur coupe le périmètre un certain nombre de fois, nombre qui doit dans tous les cas être impair, il y aura encore à considérer les segments compris entre le second et le troisième, le quatrième et le cinquième point d'intersection, et ainsi de suite. Si nous désignons donc les valeurs successives de u correspondantes aux différents points d'intersection par U_1, $U_2, \ldots$, et si nous posons, pour abréger,

$$R_1 = \sqrt{U_1^2 + z^2}, \quad R_2 = \sqrt{U_2^2 + z^2}, \ldots,$$

nous aurons

$$V = \varepsilon h \int \left(-\sqrt{z^2} + R_1 - R_2 + R_3 - \ldots \right) d\varphi.$$

Dans le premier terme de la parenthèse, nous ne pouvons pas mettre simplement z à la place de $\sqrt{z^2}$, parce que cette racine, qui est une valeur particulière de la distance r, doit toujours être *positive*, tandis que z peut avoir des valeurs positives et négatives. Pour indiquer cette circonstance, je conserverai donc le radical dans cette formule.

Comme la quantité $\sqrt{z^2}$ est indépendante de φ, nous pourrons effectuer immédiatement la seconde intégration relative à ce terme et nous obtiendrons ainsi, puisque l'intégrale doit être prise depuis o jusqu'à 2π,

$$(87) \qquad V = -2\pi\varepsilon h \sqrt{z^2} + \varepsilon h \int (R_1 - R_2 + R_3 - \ldots) d\varphi.$$

Nous pourrons mettre cette dernière intégrale sous une autre forme mieux appropriée aux différentiations que nous avons à effectuer. Pour cela, nous introduirons, au lieu de l'angle élémentaire $d\varphi$, l'élément de périmètre ds, intercepté entre ses côtés. Si i' représente le cosinus de l'angle que la normale élevée à l'élément ds fait avec le rayon vecteur, la normale étant dirigée vers l'extérieur, et le rayon vecteur du côté où il croît, nous aurons

$$(88) \qquad \frac{i'}{U} ds = \pm d\varphi;$$

dans cette formule, pour autant que les éléments ds et $d\varphi$ soient tous deux supposés positifs, on prendra le signe supérieur ou inférieur, suivant que le rayon vecteur, en croissant, coupe le périmètre de l'intérieur vers l'extérieur, ou *vice versâ*. Ces signes sont les mêmes que ceux dont sont affectées les quantités R_1, R_2, R_3, ... qui entrent dans l'intégrale. Si donc on substitue à l'un des produits $\pm R\,d\varphi$ le produit $\frac{R}{U} i'\,ds$, on devra toujours donner explicitement à ce dernier le signe +. Comme en outre, pour chaque angle élémentaire $d\varphi$, il entre dans l'intégrale précisément autant de valeurs différentes de R qu'il y a d'éléments d'arc correspondants à cet angle, tous les éléments d'arc qui sont introduits par cette substitution formeront ensemble le périmètre entier de la figure. D'après cela, on pourra écrire

$$(89)\qquad V = -2\pi\varepsilon h\sqrt{z^2} + \varepsilon h\int \frac{R}{U}\,i'\,ds,$$

où l'intégrale doit s'étendre à tout le périmètre (*).

(*) Pour compléter ce sujet, j'indiquerai comment se modifie la formule, lorsque le pied de la perpendiculaire abaissée de p sur le plan tombe à l'extérieur de la figure recouverte par l'agent. Dans ce cas, le nombre des intersections de chaque rayon vecteur qui rencontre la figure avec le périmètre de celle-ci doit être pair, et l'intégration relative à u dans l'équation (86) se rapporte au segment compris entre le premier et le deuxième point d'intersection; puis, s'il y en a davantage, au segment compris entre le troisième et le quatrième, et ainsi de suite. On obtient donc, au lieu de l'équation (87),

$$(a)\qquad V = \varepsilon h\int(-R_1 + R_2 - \ldots)\,d\varphi,$$

où l'intégrale relative à φ ne s'étend qu'à l'espace angulaire qui renferme la figure. Si dans cette équation l'on introduit l'arc élémentaire ds au lieu de l'angle élémentaire $d\varphi$, on obtiendra la formule correspondante à (89)

$$(b)\qquad V = \varepsilon h\int \frac{R}{U}\,i'\,ds.$$

Si le pied de la perpendiculaire tombait dans le voisinage immédiat du périmètre, de sorte que pour certains éléments d'arc la quantité U devînt infiniment petite, l'intégration ne pourrait pas s'effectuer dans les expressions (89) et (b) sous leur forme actuelle (sauf le cas où $z = 0$, d'où résulte que R s'évanouit en même temps que U). Pour se faire une idée des valeurs que prend l'intégrale dans ces cas, on peut considérer les formes primitives de cette intégrale, données dans les expressions (87) et (a). On trouve alors que si le pied de la perpendiculaire se meut de telle sorte qu'il traverse le périmètre de l'intérieur vers l'extérieur, la valeur de l'intégrale décroît brusquement, à ce passage, de $2\pi\sqrt{z^2}$. La circonstance que l'équation (89) renferme comme terme particulier le produit $2\pi\varepsilon h\sqrt{z^2}$ affecté du signe —, tandis que ce terme manque dans l'équation (b), se trouve par là compensée, de sorte que la valeur totale de V ne subit aucune variation brusque.

§ XXVII.

PROPRIÉTÉ DES COEFFICIENTS DIFFÉRENTIELS DU PREMIER ORDRE DE LA FONCTION POTENTIELLE.

A l'aide de la dernière équation, nous allons former les coefficients différentiels de la fonction potentielle.

Comme la quantité s, relativement à laquelle on doit intégrer, est indépendante des coordonnées x, y, z du point p, nous pourrons différentier sous le signe intégral. Les formules de U, R et i' dont on aura à faire usage sont très-faciles à écrire. Si nous désignons les coordonnées de l'arc élémentaire ds par ξ' et η', et les cosinus des angles que la normale élevée à cet élément fait avec les axes des x et des y par α' et β', nous aurons

$$90)\quad \left\{\begin{aligned} U &= \sqrt{(\xi'-x)^2+(\eta'-y)^2},\\ R &= \sqrt{(\xi'-x)^2+(\eta'-y)^2+z^2},\\ i' &= \frac{(\xi'-x)\alpha'+(\eta'-y)\beta'}{U}. \end{aligned}\right.$$

Si l'on suppose, comme nous le ferons par la suite, que le pied de la perpendiculaire abaissée de p tombe à une distance finie du périmètre de la figure, U et R seront des quantités *finies* pour tous les éléments qui entrent dans l'intégrale.

Si nous différentions d'abord l'équation (89) par rapport à z, en tenant compte des équations précédentes, nous aurons

$$91)\quad \frac{dV}{dz} = -2\pi\varepsilon h\frac{z}{\sqrt{z^2}} + \varepsilon hz\int\frac{i'}{RU}\,ds,$$

où la fraction $\frac{z}{\sqrt{z^2}}$ est égale à $+1$ ou à -1, selon que z est positif ou négatif.

La question capitale relativement à l'expression trouvée pour $\frac{dV}{dz}$ est celle de savoir par quelles valeurs elle passe dans le voisinage immédiat de la surface recouverte par l'agent. Si

z devient infiniment petit, puis nul, le second terme de l'expression, qui ne renferme, outre le facteur z, que des facteurs qui restent finis, deviendra également infiniment petit et nul. Il en est autrement du premier terme. Du côté où z est positif, ce terme est constamment égal à $-2\pi\varepsilon h$; et de l'autre côté où z est négatif, il est constamment égal à $+2\pi\varepsilon h$. Sa valeur varie donc brusquement de $4\pi\varepsilon h$ au moment où p traverse la surface. Si nous désignons respectivement par $\left(\frac{dV}{dz}\right)_{+0}$ et $\left(\frac{dV}{dz}\right)_{-0}$ les limites vers lesquelles converge $\frac{dV}{dz}$, lorsque p s'approche indéfiniment de la surface du côté positif ou du côté négatif, nous aurons

$$(92) \qquad \left(\frac{dV}{dz}\right)_{+0} = -2\pi\varepsilon h, \quad \left(\frac{dV}{dz}\right)_{-0} = +2\pi\varepsilon h,$$

$$(93) \qquad \left(\frac{dV}{dz}\right)_{+0} - \left(\frac{dV}{dz}\right)_{-0} = -4\pi\varepsilon h.$$

Cette dernière équation, comme nous le verrons plus bas, peut s'étendre au cas général où la surface est courbe et où la répartition de l'agent sur cette surface n'est pas uniforme; et c'est là une nouvelle propriété importante de la fonction potentielle.

Nous pourrons également différentier l'équation (89), relativement à x et à y, en tenant compte des équations (90). En effectuant la différentiation d'abord par rapport à x, nous aurons

$$(94) \qquad \frac{dV}{dx} = \varepsilon h \int \left[\frac{(R^2+z^2)(\xi'-x)}{RU^3} i' - \frac{R}{U^2}\alpha'\right] ds.$$

Cette expression peut se mettre sous une forme plus simple : on a, en effet,

$$\frac{R}{U^2} = \frac{R^2}{RU^2} = \frac{U^2+z^2}{RU^2} = \frac{1}{R} + \frac{z^2}{RU^2},$$

et si l'on substitue cette valeur dans le second terme qui se trouve sous le signe intégral, on pourra écrire

$$(95)\quad \begin{cases} \dfrac{dV}{dx} = -\varepsilon h \displaystyle\int \frac{\alpha'}{R}\,ds \\ \qquad + \varepsilon h \displaystyle\int \left[\frac{(R^2 + z^2)(\xi' - x)}{RU^3}\, i' - \frac{z^2}{RU^2}\,\alpha' \right] ds. \end{cases}$$

On peut actuellement démontrer que la seconde des intégrales précédentes est *nulle pour toute courbe fermée*. Comme cette démonstration n'est pas courte, et qu'elle nuirait à l'ensemble de l'exposition en interrompant la marche de celle-ci, je la donnerai dans une Addition (*). Ceci admis, il ne restera que le premier terme dans le second membre de l'équation précédente. Comme le coefficient différentiel relatif à y se traite tout à fait de la même manière, nous pourrons écrire immédiatement les deux résultats

$$(96)\quad \begin{cases} \dfrac{dV}{dx} = -\varepsilon h \displaystyle\int \frac{\alpha'}{R}\,ds, \\ \dfrac{dV}{dy} = -\varepsilon h \displaystyle\int \frac{\beta'}{R}\,ds. \end{cases}$$

On voit immédiatement que ces deux expressions ne subissent aucune variation brusque lorsque le point p s'approche de la surface ou qu'il la traverse, et qu'elles sont, par suite, applicables, même au cas où le point p se trouve dans la surface.

Les coefficients différentiels étant déterminés par rapport à trois axes, dont l'un est perpendiculaire au plan et les deux autres parallèles à ce plan, on pourra immédiatement former le coefficient différentiel par rapport à une autre direction quelconque.

Soit menée par le point p une droite quelconque sur laquelle nous supposerons ce point mobile. Désignons par l la distance du point p au point où la droite coupe le plan, cette

(*) *Voir* l'Addition II à la fin de l'Ouvrage.

distance étant comptée comme positive d'un côté du plan et comme négative de l'autre, il s'agira de former le coefficient différentiel $\frac{dV}{dl}$. Si nous désignons par φ, ψ et θ les angles que cette droite fait avec les axes, on sait par la Géométrie que

$$(97) \qquad \frac{dV}{dl} = \frac{dV}{dx}\cos\varphi + \frac{dV}{dy}\cos\psi + \frac{dV}{dz}\cos\theta;$$

et, par suite, les coefficients differentiels $\frac{dV}{dx}$, $\frac{dV}{dy}$ et $\frac{dV}{dz}$ étant déterminés, on pourra déduire de là le coefficient différentiel relatif à une autre direction quelconque.

Si nous recherchons en particulier de quelle manière varie le coefficient différentiel $\frac{dV}{dl}$, lorsque le point p traverse la surface, nous pourrons former l'équation suivante :

$$\left(\frac{dV}{dl}\right)_{+0} - \left(\frac{dV}{dl}\right)_{-0} = \left\{\begin{aligned} &\left[\left(\frac{dV}{dx}\right)_{+0} - \left(\frac{dV}{dx}\right)_{-0}\right]\cos\varphi \\ &+\left[\left(\frac{dV}{dy}\right)_{+0} - \left(\frac{dV}{dy}\right)_{-0}\right]\cos\psi \\ &+\left[\left(\frac{dV}{dz}\right)_{+0} - \left(\frac{dV}{dz}\right)_{-0}\right]\cos\theta. \end{aligned}\right.$$

Or, nous avons vu plus haut que les coefficients différentiels $\frac{dV}{dx}$ et $\frac{dV}{dy}$ ne subissent pas de variation brusque par le passage à travers la surface, et par conséquent les différences qui se trouvent dans les deux premières parenthèses carrées sont nulles. Nous avons trouvé $-4\pi\varepsilon h$ pour la différence qui figure dans la troisième parenthèse. Nous obtenons donc, pour le coefficient différentiel pris par rapport à une direction qui forme un angle θ avec la normale élevée à la surface, l'équation suivante :

$$(98) \qquad \left(\frac{dV}{dl}\right)_{+0} - \left(\frac{dV}{dl}\right)_{-0} = -4\pi\varepsilon h\cos\theta.$$

§ XXVIII.

FORMULES AUXQUELLES ON ARRIVE LORSQUE L'ON DIFFÉRENTIE L'EXPRESSION DE LA FONCTION POTENTIELLE DONNÉE DANS L'ÉQUATION (85).

Dans le paragraphe précédent, les coefficients différentiels de la fonction potentielle d'une figure plane uniformément recouverte par l'agent n'ont pas été déduits immédiatement de la première expression de la fonction potentielle donnée dans l'équation (85); mais nous nous sommes servi à cette fin de l'expression (89) qui a été déduite de la première, en effectuant l'intégration relativement à r et en introduisant l'élément de périmètre ds au lieu de l'angle élémentaire $d\varphi$.

Revenons à l'équation (85)

$$V = \varepsilon h \int \frac{d\omega}{r},$$

et recherchons quelles sont les formules auxquelles nous arriverons en la différentiant. En ayant égard à la valeur de r

$$r = \sqrt{(\xi - x)^2 + (\eta - y)^2 + z^2},$$

on obtient par la différentiation

$$(99) \quad \begin{cases} \dfrac{dV}{dx} = \varepsilon h \displaystyle\int \frac{\xi - x}{r^3}\, d\omega, \\[2ex] \dfrac{dV}{dy} = \varepsilon h \displaystyle\int \frac{\eta - y}{r^3}\, d\omega, \\[2ex] \dfrac{dV}{dz} = -\, \varepsilon h \displaystyle\int \frac{z}{r^3}\, d\omega. \end{cases}$$

On arrive également aux mêmes formules en recherchant directement les composantes X, Y et Z.

Si dans ces formules nous supposons que la distance du point p au plan, représentée par l'ordonnée z, devienne infiniment petite, puis nulle, la quantité r qui se trouve au dénominateur deviendra également infiniment petite pour tous les éléments de surface qui entourent immédiatement le pied de la perpendiculaire abaissée du point p sur le plan, et pour lesquelles, par conséquent, les quantités $\xi - x$ et $\eta - y$ deviennent infiniment petites. Or, comme r se trouve aux dénominateurs à la troisième puissance, tandis que les numérateurs ne renferment les quantités $\xi - x$, $\eta - y$ et z qu'à la première, les fractions deviendront infiniment grandes, et les intégrales, par suite, ne sont pas applicables sous la forme précédente au cas où z est infiniment petit ou nul. Il s'agit de savoir si nous pouvons transformer ces intégrales de telle sorte que la fonction à intégrer reste finie.

Pour la dernière intégrale qui détermine le coefficient différentiel $\frac{dV}{dz}$, la transformation est aisée à effectuer, et nous retrouverons ainsi par un autre moyen l'équation (93) que nous avons déjà trouvée au paragraphe précédent. Il ne sera peut-être pas inutile de déduire cette équation par cette nouvelle voie, parce que le théorème important qu'elle exprime en acquerra d'autant plus de clarté.

La quantité $-\frac{z}{r}$ représente le cosiuus de l'angle que le rayon vecteur mené du point p à l'élément de surface $d\omega$ fait avec l'axe des z. Comme la normale à l'élément est parallèle à l'axe des z, nous pourrons dire que $-\frac{z}{r}$ est le cosinus de l'angle du rayon vecteur avec la normale. Si nous représentons ce cosinus par i comme au § XVII, la dernière des équations (99) s'écrira

$$\frac{dV}{dz} = \varepsilon h \int \frac{i}{r^2}\, d\omega.$$

Appelons, comme dans ce même paragraphe, $d\sigma$ l'angle solide de la pyramide élémentaire qui a pour sommet le point p et pour base l'élément de surface $d\omega$; nous aurons l'équation

$$d\sigma = \pm \frac{i}{r^2}\, d\omega.$$

On prendra le signe $+$ si le point p est du côté négatif du plan, et que, par suite, le rayon vecteur qui en émane traverse le plan du côté négatif au positif, de sorte que le cosinus représenté par i est positif; et l'on prendra le signe — si le point p est du côté positif du plan.

Dans le premier cas, c'est-à-dire si p est du côté négatif, l'équation précédente devient, par l'introduction de $d\sigma$,

$$\frac{dV}{dz} = \varepsilon h \int d\sigma, \tag{100}$$

l'intégrale représentant tout l'angle solide sous lequel la figure donnée est vue du point p. Dans le second cas, si p est du côté positif, on obtient

$$\frac{dV}{dz} = -\varepsilon h \int d\sigma, \tag{100 a}$$

l'intégrale représentant encore l'angle solide sous lequel la figure est vue de la position actuelle de p. Si l'on s'imagine maintenant que le point s'approche indéfiniment de la surface du côté négatif ou positif, l'angle solide aura dans les deux cas la valeur 2π, et nous obtiendrons, par suite,

$$\left(\frac{dV}{dz}\right)_{-0} = 2\pi\varepsilon h, \quad \left(\frac{dV}{dz}\right)_{+0} = -2\pi\varepsilon h,$$

d'où, en soustrayant,

$$\left(\frac{dV}{dz}\right)_{+0} - \left(\frac{dV}{dz}\right)_{-0} = -4\pi\varepsilon h.$$

La transformation est moins simple pour les deux premières des trois équations (99). Si nous voulions, comme plus haut, introduire l'élément d'angle solide $d\sigma$, au lieu de l'élément de surface $d\omega$, nous obtiendrions

$$\frac{dV}{dx} = \varepsilon h \int \pm \frac{\xi - x}{ri}\, d\sigma, \quad \frac{dV}{dy} = \varepsilon h \int \pm \frac{\eta - y}{ri}\, d\sigma;$$

et ces expressions ne pourraient pas s'employer dans le cas où z est infiniment petit ou nul, parce qu'alors, parmi les éléments $d\sigma$, il s'en présente pour lesquels la quantité i, qui est au dénominateur, devient infiniment petite ou nulle. Si l'on se sert, au contraire, comme au § XXVI, des coordonnées polaires u et φ, dont l'origine est au pied de la perpendiculaire, on obtient

$$\frac{dV}{dx} = \varepsilon h \int\int \frac{u^2 \cos\varphi}{r^3}\, du\, d\varphi, \quad \frac{dV}{dy} = \varepsilon h \int\int \frac{u^2 \sin\varphi}{r^3}\, du\, d\varphi,$$

formules dans lesquelles on doit poser

$$r = \sqrt{u^2 + z^2}.$$

Si z devient infiniment petit ou nul, le dénominateur, dans ces expressions, deviendra un infiniment petit d'un ordre plus élevé que le numérateur, pour des valeurs infiniment petites de u, et, par suite, ces expressions ne conviennent pas non plus à notre but.

C'est par ces motifs que j'ai transformé l'expression (85) de la fonction potentielle en l'expression (89), dans laquelle il ne se présente plus qu'une intégrale relative au périmètre, et c'est après cette transformation seulement que j'ai effectué les différentiations.

§ XXIX.

PROPRIÉTÉS DES COEFFICIENTS DIFFÉRENTIELS DU SECOND ORDRE DE LA FONCTION POTENTIELLE.

Il est encore intéressant de savoir ce que devient l'équation $\Delta V = 0$ dans l'hypothèse que l'agent actif ne se trouve répandu que sur une surface. Il est clair que, dans cette hypothèse, il doit se trouver une quantité finie de l'agent sur une surface finie; or, comme la surface mathématique, lorsqu'on veut en déterminer la grandeur en la considérant comme une partie de l'espace solide, doit être regardée comme nulle, il en résulte que la densité de l'agent évaluée non par rapport à la surface, mais par rapport au volume suivant le sens habituel, sera infiniment grande; il s'agit donc de savoir si, dans ces circonstances, l'équation précédente reste applicable jusque dans le voisinage immédiat de la surface.

A cette fin nous formerons les coefficients différentiels du second ordre de la fonction potentielle qui entre dans ΔV. On déduira de l'équation (91), puisque la fraction $\frac{z}{\sqrt{z^2}}$ est constante de chaque côté du plan jusqu'à ce plan même,

$$(101)\quad \left\{\begin{aligned} &\frac{d^2V}{dz^2} - \varepsilon h \int \frac{i'}{RU}\,ds - \varepsilon h z^2 \int \frac{i'}{R^3U}\,ds \\ &= \varepsilon h \int \frac{R^2 - z^2}{R^3U}\,i'\,ds = \varepsilon h \int \frac{U}{R^3}\,i'\,ds. \end{aligned}\right.$$

De plus, il résulte des équations (96) que

$$(102)\quad \left\{\begin{aligned} \frac{d^2V}{dx^2} &= -\varepsilon h \int \frac{\xi' - x}{R^3}\,\alpha'\,ds, \\ \frac{d^2V}{dy^2} &= -\varepsilon h \int \frac{\eta' - y}{R^3}\,\beta'\,ds, \end{aligned}\right.$$

d'où

$$(103)\quad \left\{\begin{aligned} \frac{d^2V}{dx^2} + \frac{d^2V}{dy^2} &= -\varepsilon h \int \frac{(\xi' - x)\alpha' + (\eta' - y)\beta'}{R^3}\,ds \\ &= -\varepsilon h \int \frac{U}{R^3}\,i'ds. \end{aligned}\right.$$

Cette dernière expression est égale et de signe contraire à celle que nous avons donnée sous le numéro (101) pour $\frac{d^2V}{dz^2}$; leur somme est donc nulle, et l'on obtient

$$\Delta V = 0.$$

Cette équation est donc applicable des deux côtés de la surface jusque dans le voisinage immédiat de celle-ci.

Si, au lieu du système de coordonnées x, y, z, dont l'axe des z est perpendiculaire au plan, on veut employer un autre système de coordonnées rectangulaires x_1, y_1, z_1, on pourra de la même manière qu'on l'a fait à la fin du § XXVII, exprimer chacun des trois coefficients différentiels

$$\frac{d^2V}{dx_1^2}, \quad \frac{d^2V}{dy_1^2}, \quad \frac{d^2V}{dz_1^2},$$

au moyen des six suivants :

$$\frac{d^2V}{dx^2}, \quad \frac{d^2V}{dy^2}, \quad \frac{d^2V}{dz^2}, \quad \frac{d^2V}{dx\,dy}, \quad \frac{d^2V}{dx\,dz}, \quad \frac{d^2V}{dy\,dz},$$

dont les trois derniers sont aussi des quantités finies qu'il est aisé de déduire des équations (96). En ajoutant ces expressions, il en résulte immédiatement que

$$\frac{d^2V}{dx_1^2} + \frac{d^2V}{dy_1^2} + \frac{d^2V}{dz_1^2} = \frac{d^2V}{dx^2} + \frac{d^2V}{dy^2} + \frac{d^2V}{dz^2}.$$

La conclusion que l'équation $\Delta V = 0$ est applicable même dans le voisinage immédiat de la surface est donc indépendante du choix du système de coordonnées.

Dans la surface même, l'équation n'est plus applicable, parce que la quantité $\frac{z}{\sqrt{z^2}}$ y éprouve une variation brusque.

§ XXX.

CAS D'UNE SURFACE COURBE SUR LAQUELLE LA DENSITÉ DE L'AGENT N'EST PAS NÉCESSAIREMENT CONSTANTE.

Étudions maintenant le cas général *où la surface qui renferme l'agent est courbe et où la répartition de l'agent n'est pas uniforme;* toutefois nous ne reprendrons pas tous les développements que nous avons donnés au cas plus simple qui précède, mais nous nous bornerons à démontrer d'une manière générale le théorème démontré au § XXVII et exprimé par l'équation (93). Élevons une normale en un point quelconque P de la surface; supposons le point p mobile sur cette normale, et désignons sa distance au pied P de la normale par n, cette quantité étant positive d'un côté de la surface et négative de l'autre ; nous aurons

$$(\text{IV}) \qquad \left(\frac{dV}{dn}\right)_{+0} - \left(\frac{dV}{dn}\right)_{-0} = -4\pi\varepsilon h_p.$$

Les indices + o et — o indiquent les limites dont s'approche $\frac{dV}{dn}$ lorsque le point p se rapproche indéfiniment de la surface du côté positif ou du côté négatif, et h_p représente la valeur de h au point P.

Les développements nécessaires à la démonstration de ce théorème sont, sous beaucoup de rapports, analogues à ceux que nous avons donnés au § XXII. Par le point P menons un plan tangent à la surface et prenons ce plan pour plan des xy et la normale pour axe des z, de sorte que les expressions $\frac{dV}{dn}$ et $\frac{dV}{dz}$ sont équivalentes. Nous n'aurons encore ici qu'à considérer en particulier une portion très-petite, mais finie, de la surface autour du point P. Si, en effet, nous désignons par V′ la fonction potentielle de cette petite portion de surface, par V″ la fonction potentielle de toute la portion restante, de sorte que

$$V = V' + V'',$$

les limites renfermées dans l'équation précédente seront égales entre elles pour $\frac{dV''}{dn}$, puisque ce coefficient différentiel ne peut pas subir d'interruption de continuité au point P. On a donc

$$\left(\frac{dV''}{dn}\right)_{+0} - \left(\frac{dV''}{dn}\right)_{-0} = 0,$$

et s'il peut être prouvé que l'équation

$$(104) \qquad \left(\frac{dV'}{dn}\right)_{+0} - \left(\frac{dV'}{dn}\right)_{-0} = -4\pi\varepsilon h_p$$

est satisfaite, l'équation (IV) se trouvera démontrée.

Si nous désignons par r la distance du point p à l'élément de surface $d\omega$, de coordonnées ξ, η, ζ, où règne la densité h, en posant

$$r = \sqrt{\xi^2 + \eta^2 + (\zeta - z)^2},$$

nous aurons

(105) $$V' = \varepsilon \int \frac{h}{r}\, d\omega,$$

l'intégrale s'étendant à la portion de surface considérée. Remplaçons h par l'expression identique

$$h_p \gamma + \left(\frac{h}{\gamma} - h_p\right)\gamma,$$

dans laquelle γ représente, comme au § XXII, le cosinus de l'angle que la normale élevée à $d\omega$ fait avec l'axe des z, cosinus qui, au point P lui-même, est égal à 1, et peu différent de 1 dans le voisinage P. Nous aurons alors

$$V' = \varepsilon h_p \int \frac{\gamma}{r}\, d\omega + \varepsilon \int \left(\frac{h}{\gamma} - h_p\right) \frac{\gamma}{r}\, d\omega,$$

et, en différentiant,

$$\frac{dV'}{dz} = \varepsilon\, h_p \int \frac{(\zeta - z)\gamma}{r^3}\, d\omega + \varepsilon \int \left(\frac{h}{\gamma} - h_p\right) \frac{(\zeta - z)\gamma}{r^3}\, d\omega.$$

En outre, si nous appelons α, β et i les cosinus des angles que la normale à $d\omega$ fait avec les axes x et y, et avec le rayon vecteur r, nous aurons

$$i = \frac{\xi\alpha + \eta\beta + (\zeta - z)\gamma}{r},$$

$$\frac{(\zeta - z)\gamma}{r} = i - \frac{\xi\alpha + \eta\beta}{r}:$$

et l'équation précédente devient, par suite,

(106) $$\left\{\begin{aligned} \frac{dV'}{dz} &= \varepsilon h_p \int \frac{i}{r^2}\, d\omega + \varepsilon h_p \int \frac{-\xi\alpha - \eta\beta}{r^3}\, d\omega \\ &\quad + \varepsilon \int \left(\frac{h}{\gamma} - h_p\right) \frac{(\zeta - z)\gamma}{r^3}\, d\omega. \end{aligned}\right.$$

Représentons, pour abréger, par E, F et G les trois intégrales précédentes, de sorte que cette équation s'écrira

$$\frac{dV'}{dz} = \varepsilon h_p \mathrm{E} + \varepsilon h_p \mathrm{F} + \varepsilon \mathrm{G}. \tag{106a}$$

Les deux dernières de ces intégrales peuvent se traiter d'une autre façon que la première, parce que les fonctions à intégrer y renferment des facteurs qui deviennent nuls au point P, ce qui n'arrive pas dans la première. Nous nous occuperons donc séparément de l'intégrale E, et nous considérerons ensuite les deux intégrales F et G simultanément.

§ XXXI.

PROPRIÉTÉS DE LA QUANTITÉ E.

Si nous introduisons dans E l'élément $d\sigma$ de l'angle solide au lieu de l'élément de surface $d\omega$, comme au § XXII, nous obtiendrons

$$\mathrm{E} = \int \pm d\sigma.$$

Afin de déterminer d'une manière simple le choix du signe, nous appellerons *côté positif* et *côté négatif* de la surface ceux dans le sens desquels la normale n est comptée comme positive et comme négative. Alors on devra prendre $d\sigma$ avec le signe + si le rayon vecteur mené vers $d\omega$ traverse, en croissant, la surface du côté négatif au positif, et avec le signe — dans le cas contraire.

Par suite, si le point p se trouve sur la partie négative de la normale n, on devra prendre le signe + pour la première intersection d'une pyramide élémentaire quelconque avec la surface, avec le signe — pour la seconde intersection, s'il y a lieu, et ainsi de suite. De là résulte, comme on le voit facilement, que toute l'intégrale *représente l'angle solide sous lequel le périmètre de la portion de surface considérée est vu du point p*, et des deux angles solides dans lesquels tout l'espace angulaire est partagé par le cône circonscrit au périmètre, du point p comme sommet, on devra choisir celui dans lequel se trouve le pied P de la normale.

Si p se trouve sur la partie positive de la normale, pour la première intersection de chaque pyramide élémentaire avec la surface on devra prendre le signe —, pour la seconde le signe +, et ainsi de suite, de sorte que l'intégrale totale sera une quantité négative. La valeur absolue de cette quantité représente de nouveau l'angle solide sous lequel le périmètre de la portion de surface est vu du point p, et de même que plus haut celui des deux angles solides dans lequel se trouve le pied P de la normale. De cette dernière circonstance il résulte que l'angle solide doit être pris, en ce cas, dans un sens contraire au précédent. Si donc on imagine deux positions de p des deux côtés du pied P, toutes deux infiniment voisines de celui-ci, et, par suite, infiniment voisines l'une de l'autre, on obtiendra pour ces deux positions deux angles solides qui font ensemble 4π. D'après cela, si nous représentons par σ_1 l'angle solide pour le cas où le point p est du côté négatif, nous pourrons écrire

$$E_{-0} = \sigma_1,$$
$$E_{+0} = -(4\pi - \sigma_1).$$

Si nous formons la différence $E_{+0} - E_{-0}$, la quantité σ_1 disparaîtra du résultat, et il restera

$$E_{+0} - E_{-0} = -4\pi. \tag{107}$$

§ XXXII.

PROPRIÉTÉS DES QUANTITÉS F ET G.

Considérons maintenant les deux intégrales F et G qui entrent dans l'équation (106). Ces intégrales sont

$$\text{(108)} \quad \begin{cases} F = \displaystyle\int \frac{-\xi\alpha - \eta\beta}{r^3}\, d\omega, \\ G = \displaystyle\int \left(\frac{h}{\gamma} - h_p\right) \frac{\zeta - z}{r^3}\, d\omega. \end{cases}$$

Il s'agit de démontrer que ces intégrations peuvent s'effectuer sous forme finie, et que, si z passe d'une faible valeur négative, par zéro, à une valeur positive, ces intégrales ne subiront aucune variation brusque.

Dans la première nous pouvons, comme au § XXII, poser

$$\alpha = -\frac{d\zeta}{d\xi}\gamma, \quad \beta = -\frac{d\zeta}{d\eta}\gamma,$$

de sorte qu'elle devient

$$\mathrm{F} = \int \frac{\dfrac{d\zeta}{d\xi}\xi + \dfrac{d\zeta}{d\eta}\eta}{r^3}\gamma\, d\omega.$$

En outre, nous transformerons les coordonnées rectangulaires ξ et η dans le plan des xy en coordonnées polaires u et φ de même origine, de sorte que

$$\xi = u\cos\varphi, \quad \eta = u\sin\varphi,$$

d'où

$$\frac{d\xi}{du} = \cos\varphi, \quad \frac{d\eta}{du} = \sin\varphi;$$

si nous éliminons $\cos\varphi$ et $\sin\varphi$ au moyen de ces équations, les précédentes deviendront

$$\xi = \frac{d\xi}{du}u, \quad \eta = \frac{d\eta}{du}u.$$

Par là le numerateur qui entre dans F prend la forme suivante plus simple

$$\frac{d\zeta}{d\xi}\xi + \frac{d\zeta}{d\eta}\eta = \left(\frac{d\zeta}{d\xi}\frac{d\xi}{du} + \frac{d\zeta}{d\eta}\frac{d\eta}{du}\right)u = \frac{d\zeta}{du}u.$$

Enfin, nous pourrons dans les deux intégrales remplacer le produit $\gamma\, d\omega$, qui représente la projection de l'élément $d\omega$ sur le plan des xy, par un élément de surface de ce plan, et effectuer l'intégration en l'étendant à la projection de la portion de surface considérée sur ce plan. L'expression de l'élément de surface dans le plan, en coordonnées polaires, est $u\,du\,d\varphi$, et les équations (108) deviendront ainsi

$$(109)\qquad \begin{cases} F = \displaystyle\iint \frac{d\zeta}{du}\frac{u^2}{r^3}\,du\,d\varphi, \\ G = \displaystyle\iint \left(\frac{h}{\gamma} - h_p\right)\frac{(\zeta - z)\,u}{r^3}\,du\,d\varphi. \end{cases}$$

Supposons d'abord que la surface ait une *courbure finie* au lieu considéré et que la densité h varie d'une manière continue dans le voisinage de celui-ci, de sorte que *ses coefficients différentiels sont des quantités finies;* comme le plan des xy est tangent à la surface au point P, nous pourrons poser

$$(110)\qquad \begin{cases} \zeta = mu^2, \\ \dfrac{d\zeta}{du} = m'u, \\ \dfrac{h}{\gamma} - h_p = nu, \end{cases}$$

m, m' et n désignant des fonctions de u et de φ qui ne deviennent pas infinies pour de très-petites valeurs de u. Par la substitution des deux dernières formules dans les expressions (109), celles-ci deviennent

$$(111)\qquad \begin{cases} F = \displaystyle\iint m'\frac{u^3}{r^3}\,du\,d\varphi, \\ G = \displaystyle\iint n\,\frac{(\zeta - z)\,u^2}{r^3}\,du\,d\varphi. \end{cases}$$

En se rappelant que

$$r = \sqrt{u^2 + (\zeta - z)^2},$$

on voit aisément que les fonctions à intégrer ne peuvent devenir infinies pour aucune valeur de u et de z, et que, par suite, les intégrales ont une valeur déterminée.

Pour prouver, en outre, que ces expressions ne subissent aucune variation brusque dans le passage de z par zéro, nous développerons la quantité $\frac{1}{r^3}$ en série. Si l'on remplace ζ par sa valeur donnée sous le n° (110) dans l'expression de r, celle-ci devient

$$r = \sqrt{u^2 + z^2 - 2mzu^2 + m^2u^4}.$$

Posons

$$t = \sqrt{u^2 + z^2}, \tag{112}$$

nous aurons, par suite,

$$r = \sqrt{t^2 - 2mzu^2 + m^2u^4} = t\sqrt{1 - 2m\frac{zu^2}{t^2} + m^2\frac{u^4}{t^2}},$$

d'où résulte

$$\frac{1}{r^3} = \frac{1}{t^3}\left(1 + 3m\frac{zu^2}{t^2} - \frac{3}{2}m^2\frac{u^4}{t^2} + \cdots\right).$$

Si l'on substitue cette série, qui est très-convergente parce que u ne peut avoir que des valeurs très-petites, dans les expressions (111), et que l'on remplace en même temps dans la dernière ζ par sa valeur tirée de (110), on pourra écrire

$$\left\{\begin{aligned} F &= \int\!\!\int m'\frac{u^3}{t^3}\,du\,d\varphi + \int\!\!\int 3mm'\frac{zu^5}{t^5}\,du\,d\varphi - \cdots, \\ G &= -\int\!\!\int n\frac{zu^2}{t^3}\,du\,d\varphi + \int\!\!\int mn\frac{u^4}{t^3}\,du\,d\varphi - \cdots. \end{aligned}\right. \tag{113}$$

De cette manière chacune des quantités F et G est développée en une série de termes, dont le premier contient sous le signe intégral une fraction dont le numérateur est, relativement à z et u, du même degré que le dénominateur relativement à t, tandis que les termes suivants contiennent des fractions dont les numérateurs sont d'un degré plus élevé que les dénominateurs. Ces derniers termes sont faciles à traiter. Si l'on veut former le coefficient différentiel de l'un d'eux par rapport à z, on pourra différentier sous le signe intégral, et l'on obtiendra une fraction dont le numérateur sera encore d'un degré égal ou supérieur à celui du dénominateur; et comme une semblable fraction ne peut devenir infinie pour aucune valeur de z et de u, l'intégrale restera aussi finie pour toutes les valeurs de z. Et puisque le coefficient différentiel du terme considéré reste fini, ce terme lui-même ne peut subir aucune variation brusque dans le passage de z par zéro. Il ne restera donc dans chacune des deux expressions précédentes qu'à démontrer que le premier terme jouit de la même propriété. Nous désignerons ces premiers termes par F′ et par G′, en posant

(114)
$$\left\{\begin{aligned} F' &= \int\int m' \frac{u^3}{(u^2+z^2)^{\frac{3}{2}}}\, du\, d\varphi, \\ G' &= -\int\int n \frac{z u^2}{(u^2+z^2)^{\frac{3}{2}}}\, du\, d\varphi. \end{aligned}\right.$$

Au lieu de la première de ces deux quantités, introduisons-en une autre, en désignant par A la valeur que prend F′ pour $z = 0$, c'est-à-dire

$$A = \int\int m'\, du\, d\varphi,$$

et, en prenant la différence,

(115)
$$F' - A = -\int\int m' \frac{(u^2+z^2)^{\frac{3}{2}} - u^3}{(u^2+z^2)^{\frac{3}{2}}}\, du\, d\varphi.$$

Il est maintenant facile de démontrer, relativement aux deux quantités F′ — A et G′, que, *quand z devient infiniment petit ou nul, elles deviennent également infiniment petites ou nulles*. Si l'on donne, en effet, dans les fractions qui se trouvent sous le signe d'intégration, à z une valeur infiniment petite, ces fractions deviendront infiniment petites pour toutes les valeurs finies de u; et ce n'est que pour des valeurs infiniment petites de u qu'elles prennent des valeurs finies qui sont aisées à déterminer. La première fraction

$$\frac{(u^2+z^2)^{\frac{3}{2}} - u^3}{(u^2+z^2)^{\frac{3}{2}}}$$

a pour limite 1 lorsque u converge vers zéro. La seconde fraction

$$\frac{zu^2}{(u^2+z^2)^{\frac{3}{2}}}$$

offre un peu plus de complication dans sa marche. Lorsque u décroît jusqu'à devenir un infiniment petit du même ordre que z, la fraction devient finie, et si u décroît davantage, de manière à devenir un infiniment petit d'ordre supérieur à z, la fraction redevient infiniment petite. Soit, en effet, δ une quantité infiniment petite, et posons

$$z = a\delta, \quad u = b\delta,$$

a et b désignant des coefficients finis; la fraction précédente deviendra

$$\frac{a\delta\, b^2\delta^2}{(b^2\delta^2 + a^2\delta^2)^{\frac{3}{2}}} = \frac{ab^2}{(b^2+a^2)^{\frac{3}{2}}};$$

si nous posons, au contraire,

$$z = a\delta, \quad u = b\delta^2,$$

la fraction devient

$$\frac{a\delta\, b^2\delta^4}{(a^2\delta^2)^{\frac{3}{2}}} = \frac{b^2}{a^2}\delta^2.$$

Mais le fait essentiel pour l'objet qui nous occupe s'applique à l'une des fractions tout aussi bien qu'à l'autre, c'est-à-dire que l'intervalle de u, dans lequel la fraction a une valeur finie, n'est qu'un infiniment petit, et qu'en outre, si l'on imagine que la valeur de z, déjà infiniment petite, décroisse encore jusqu'à zéro, alors, d'une part, cet intervalle de u, dans lequel a fraction est finie, et, d'autre part, les valeurs infiniment petites de la fraction qui sont comprises en dehors de cet intervalle convergent également vers zéro. De là résulte que, si l'on effectue relativement à u l'intégration indiquée dans $F'-A$ et dans G', depuis $u = 0$ jusqu'à une valeur finie arbitraire de

u, on obtiendra des quantités qui deviennent infiniment petites ou nulles en même temps que z.

On peut démontrer ce résultat d'une manière différente et peut-être plus claire. Considérons d'abord la quantité $F'-A$; la fraction précédente y est affectée du facteur m' qui est dépendant de u. Or, si l'on veut intégrer relativement à u entre deux limites, il est certain que l'intégrale qu'on obtiendra sera comprise entre celles que l'on obtiendrait si l'on remplaçait successivement la variable m' d'abord par la plus grande valeur qu'elle a entre les deux limites de u, et ensuite par la plus petite, et si l'on effectuait ces deux intégrations. Si donc on trouve que ces deux dernières intégrales deviennent infiniment petites ou nulles, on en conclura qu'il en est de même de la première intégrale. La quantité G$'$ donne lieu à une conclusion analogue relativement au facteur n; mais, si l'on remplace m' et n par des constantes dans ces deux quantités, l'intégration relative à u s'effectuera immédiatement. Désignons ces constantes par m'_1 et n_1, et, si nous intégrons depuis $u=0$ jusqu'à $u=\mathrm{U}$, en représentant par U une valeur finie quelconque, nous aurons

$$m'_1\int_0^{\mathrm{U}}\frac{(u^2+z^2)^{\frac{3}{2}}-u^3}{(u^2+z^2)^{\frac{3}{2}}}\,du=m'_1\left(\mathrm{U}-\frac{\mathrm{U}^2+2z^2}{\sqrt{\mathrm{U}^2+z^2}}+2\sqrt{z^2}\right),$$

$$n_1\int_0^{\mathrm{U}}\frac{zu^2}{(u^2+z^2)^{\frac{3}{2}}}\,du$$

$$=n_1\left[-\frac{z\mathrm{U}}{\sqrt{\mathrm{U}^2+z^2}}+z\log\left(\mathrm{U}+\sqrt{\mathrm{U}^2+z^2}\right)-z\log\sqrt{z^2}\right].$$

On voit immédiatement par la forme de ces expressions qu'elles deviennent infiniment petites ou nulles en même temps que z pour toutes les valeurs des facteurs constants m'_1 et n_1, et, par suite aussi, pour les valeurs maxima et minima dont il a été question. On obtiendra donc le même résultat si l'on introduit de nouveau les facteurs variables m' et n au lieu de leurs valeurs constantes; il en résulte que les quantités

$F' - A$ et G' deviennent infiniment petites ou nulles en même temps que z, et que, par suite, les quantités F' et G' ne subissent aucune variation brusque dans le passage de z par zéro.

Puisque, d'après ce qui a été dit plus haut, le résultat que nous venons de trouver pour F' et G' peut s'étendre aux expressions complètes (113) de F et G, nous pourrons écrire

$$(116) \quad \begin{cases} F_{+0} - F_{-0} = 0, \\ G_{+0} - G_{-0} = 0. \end{cases}$$

Revenons à l'équation (106 *a*); nous obtiendrons, en tenant compte de l'équation (107),

$$\left(\frac{dV'}{dz}\right)_{+0} - \left(\frac{dV'}{dz}\right)_{-0} = \varepsilon h_p (E_{+0} - E_{-0}) = -4\pi\varepsilon h_p.$$

Comme l'axe des z est dirigé suivant la normale, on pourra écrire, au lieu du coefficient différentiel relatif à z, celui qui est relatif à n, et l'on aura

$$\left(\frac{dV'}{dn}\right)_{+0} - \left(\frac{dV'}{dn}\right)_{-0} = -4\pi\varepsilon h_p.$$

De là résulte immédiatement aussi, d'après ce qui a été dit au § XXX, l'équation (IV), que nous avions à démontrer :

$$\left(\frac{dV}{dn}\right)_{+0} - \left(\frac{dV}{dn}\right)_{-0} = -4\pi\varepsilon h_p.$$

§ XXXIII.

CAS PARTICULIER DANS LEQUEL LA COURBURE DE LA SURFACE EST INFINIE AU LIEU CONSIDÉRÉ, OU LA DENSITÉ VARIABLE D'UNE MANIÈRE BRUSQUE.

Dans la démonstration précédente, nous avons supposé que la courbure de la surface est finie au lieu considéré, et ensuite que h varie d'une manière continue seulement dans le voisinage de ce lieu. Nous ferons maintenant abstraction de cette hypothèse, et, au lieu des equations (110), nous écrirons

$$(117)\quad \left\{\begin{aligned} &\zeta = m u^{1+\mu},\\ &\frac{d\zeta}{du} = m' u^{2},\\ &\frac{h}{\gamma} - h_p - n u^{2}, \end{aligned}\right.$$

m, m' et n ayant la même signification que plus haut, et μ et ν désignant des quantités positives quelconques. Si μ est < 1, le coefficient différentiel $\frac{d^2\zeta}{du^2}$, ainsi que la courbure de la surface, deviendront infinis pour $u = 0$. Si ν est < 1, $\frac{d\left(\frac{h}{\gamma}\right)}{du}$, et par suite, en général, $\frac{dh}{du}$ deviendront aussi infinis pour $u = 0$. Néanmoins on peut démontrer que l'équation IV) reste valable, du moment où les quantités μ et ν ont des valeurs positives assignables.

Nous pourrons, comme plus haut, après avoir développé les quantités F et G en séries, nous borner à considérer le premier terme de chacune d'elles; car il est aisé de reconnaître que, si les propriétés dont il s'agit peuvent se démontrer pour ce terme (à savoir que l'intégrale est déterminée et n'éprouve aucune variation brusque dans le passage de z par zéro), cette démonstration pourra s'appliquer, *à fortiori*, à des termes d'ordre plus élevé. Nous obtiendrons, par suite, au lieu des expressions (114, les suivantes :

$$(18)\quad \left\{\begin{aligned} &F' = \int\!\!\int m' \frac{u^{2+\mu}}{(u^2 + z^2)^{\frac{3}{2}}}\, du\, d\varphi,\\ &G' = -\int\!\!\int n \frac{z\, u^{1+2}}{(u + z^2)^{\frac{3}{2}}}\, du\, d\varphi. \end{aligned}\right.$$

Dans ces fractions, si μ et ν sont plus petits que 1, les numérateurs seront d'un degré moins élevé que les dénominateurs, et ces fractions ne resteront, par suite, pas finies pour toutes les valeurs de z et de u. Cependant on peut faire disparaître cette difficulté au moyen de la transformation déjà employée au § **XXIII**. Si, au lieu de la variable u, nous introduisons les deux variables u' et u'' avec la signification

$$u' = u^{\mu} \quad \text{et} \quad u'' = u^{\nu},$$

nous aurons

$$(119) \qquad \left\{ \begin{aligned} F' &= \int\int \frac{m'}{\mu} \frac{u'^{\frac{3}{\mu}}}{\left(u'^{\frac{2}{\mu}} + z^2\right)^{\frac{3}{2}}} du'\, d\varphi, \\ G' &= -\int\int \frac{n}{\nu} \frac{zu''^{\frac{2}{\nu}}}{\left(u''^{\frac{2}{\nu}} + z^2\right)^{\frac{3}{2}}} du''\, d\varphi. \end{aligned} \right.$$

Sous cette forme, les fonctions à intégrer restent finies pour toutes les valeurs de z, de u' et de u'', et l'on pourra appliquer à ces expressions les mêmes raisonnements que ceux du paragraphe précédent relativement aux expressions (114); on arrivera donc de nouveau à l'équation (IV).

Cette équation ne cesse d'être valable que si les équations (117) n'ont lieu pour aucune valeur positive assignable de μ et ν. Mais il est à remarquer que la plupart de ces cas se trouvent déjà exclus d'eux-mêmes par le théorème qu'exprime l'équation (IV). Si la surface au point considéré forme une pointe ou une arête aiguë, de sorte qu'il n'y existe pas de plan tangent déterminé, il n'y aura pas davantage de normale déterminée, et le coefficient différentiel $\frac{dV}{dn}$ n'aura aucun sens. De même, si la densité h éprouve une variation brusque au lieu considéré, h_p n'aura pas de valeur déterminée, et l'équation perdra sa signification. Il ne reste donc que des cas analogues à celui que nous avons traité comme exemple à la fin du § **XXIII**, mais qui sont trop particuliers pour en faire l'objet d'une étude spéciale.

§ XXXIV.

DÉTERMINATION DE LA FONCTION POTENTIELLE D'UNE COUCHE SPHÉRIQUE DANS LAQUELLE LA DENSITÉ EST UNE FONCTION DU RAYON.

Avant de terminer ce Chapitre, il ne sera pas inutile, je pense, de traiter un exemple déterminé pour récapituler les résultats auxquels nous sommes arrivés. Nous choisirons à cette fin le cas où le corps agissant est une couche sphérique dans laquelle la densité est constante à l'intérieur de chaque surface concentrique, mais peut varier d'une de ces surfaces à l'autre. Pour une couche sphérique de cette nature, la fonction potentielle a une forme très-simple, et, en outre, la connaissance de ce cas est utile dans l'étude de plusieurs phénomènes.

Soit donc donné un espace renfermé entre deux surfaces sphériques concentriques de rayons a et A, et rempli de l'agent actif de manière que la densité k ne soit fonction que du rayon.

Pour déterminer la fonction potentielle, nous nous servirons de l'équation (22)

$$V = \varepsilon \int \frac{k}{r}\, d\tau.$$

Nous ferons choix, dans la détermination de cette intégrale, de coordonnées polaires ayant pour origine le centre de la couche sphérique. Appelons *axe du système* la droite menée du centre au point p. Imaginons un rayon vecteur mené du centre au point de la couche où se trouve l'élément de volume $d\tau$; soient ρ sa longueur, θ l'angle qu'il fait avec l'axe, et φ l'angle que le plan du rayon vecteur et de l'axe forme avec un plan fixe quelconque passant par cet axe; désignons enfin par l la distance du point p, situé sur l'axe, au centre de la couche, et par r sa distance à l'élément de volume $d\tau$; nous aurons

$$r = \sqrt{\rho^2 + l^2 - 2\rho l \cos\theta};$$

et si nous remplaçons l'élément de volume $d\tau$ par la formule connue

$$d\tau = \rho^2 \sin\theta \, d\rho \, d\theta \, d\varphi,$$

l'expression précédente deviendra

$$(120) \qquad V = \varepsilon \int\int\int \frac{k\rho^2 \sin\theta}{\sqrt{\rho^2 + l^2 - 2\rho l \cos\theta}} \, d\rho \, d\theta \, d\varphi,$$

l'intégrale devant être étendue relativement à φ depuis o jusqu'à 2π, relativement à θ depuis o jusqu'à π, et relativement à ρ depuis a jusqu'à A.

Les intégrations relatives à φ et à θ s'effectuent immédiatement, et donnent

$$(121) \qquad V = \frac{2\pi\varepsilon}{l} \int_a^A k\rho\left(\sqrt{\rho^2 + l^2 + 2\rho l} - \sqrt{\rho^2 + l^2 - 2\rho l}\right) d\rho.$$

Les expressions qui se trouvent sous les radicaux étant des carrés parfaits, on peut en extraire la racine ; toutefois il y a une remarque à faire à ce sujet. Chacune des racines, considérée en elle-même, peut être positive ou négative ; et dans le cas actuel, où ces racines sont des valeurs particulières de la distance r, qui est une grandeur absolue, nous devons choisir, entre les deux valeurs de chaque racine, celle qui est positive. Nous aurons donc à poser

$$\sqrt{\rho^2 + l^2 + 2\rho l} = \rho + l,$$

$$\sqrt{\rho^2 + l^2 - 2\rho l} = \rho - l, \quad \text{pour} \quad \rho > l,$$

$$\sqrt{\rho^2 + l^2 - 2\rho l} = l - \rho, \quad \text{pour} \quad \rho < l.$$

La différence de deux racines, qui figure sous le signe intégral, prendra donc, suivant le cas, l'une des deux formes suivantes. Pour $\rho > l$, on a

$$(122) \qquad \sqrt{\rho^2 + l^2 + 2\rho l} - \sqrt{\rho^2 + l^2 - 2\rho l} = \rho + l - (\rho - l) = 2l.$$

Pour $\rho < l$, on a

$$(122\,a)\qquad \left\{\begin{aligned}&\sqrt{\rho^2+l^2+2\rho l}-\sqrt{\rho^2+l^2-2\rho l}\\&\quad=\rho+l-(l-\rho)=2\rho.\end{aligned}\right.$$

A cause de cette différence d'expressions, nous aurons à distinguer trois cas, relativement à la position du point p.

1. *Le point p est à l'intérieur de la sphère creuse enveloppée par la couche.*

Dans ce cas, on a $l < a$, et, par suite, toutes les valeurs de ρ qui se présentent dans l'intégration doivent être plus grandes que l; d'où résulte que, des deux équations (122) et (122 a), c'est la première qu'on doit employer. L'expression de la fonction potentielle, que nous désignerons, pour ce cas, par V_i, prendra ainsi la forme suivante :

$$V_i = \frac{2\pi\varepsilon}{l}\int_a^A k\rho.2l\,d\rho,$$

ou bien

$$(123)\qquad V_i = 4\pi\varepsilon\int_a^A k\rho\,d\rho.$$

Cette expression est indépendante de l, et il s'ensuit que la fonction potentielle est constante à l'intérieur de la sphère creuse. La force que l'agent renfermé dans la couche exercerait sur une quantité quelconque de l'agent, située en quelque lieu que ce soit de cette sphère creuse, doit donc être nulle.

Si l'on suppose en particulier que la densité k soit constante, et, par suite, la couche sphérique homogène, on pourra effectuer l'intégration relative à ρ, et l'on obtiendra

$$(123\,a)\qquad V_i = 2\pi\varepsilon k(A^2 - a^2).$$

2. *Le point p est à l'extérieur de la couche sphérique.*

Dans ce cas, on a $l > A$, et, par suite, il ne peut se présenter dans l'intégration que des valeurs de ρ plus petites que l; on devra donc faire usage de l'équation (122 a). La fonction potentielle, que nous désignerons pour ce cas par V_e, prendra donc la forme suivante :

$$V_e = \frac{2\pi\varepsilon}{l}\int_a^A k\rho . 2\rho\, d\rho = \frac{4\pi\varepsilon}{l}\int_a^A k\rho^2\, d\rho.$$

Si nous écrivons cette expression comme suit :

$$V_e = \frac{\varepsilon}{l}\int_a^A k . 4\pi\rho^2\, d\rho,$$

le produit $4\pi\rho^2\, d\rho$ représentera le volume d'une couche sphérique infiniment mince comprise entre deux sphères de rayons ρ et $\rho + d\rho$, et le produit $k.4\pi\rho^2\, d\rho$ représentera la quantité de l'agent qui est contenue dans cette couche infiniment mince. D'après cela, l'intégrale ne sera pas autre chose que la quantité de l'agent qui est contenue dans toute la couche sphérique. Si nous désignons cette quantité par Q, l'équation deviendra donc

(124) $$V_e = \varepsilon \frac{Q}{l}.$$

Comme l est la distance du point p au centre de la couche, on voit que, pour tout point situé à l'extérieur de celle-ci, la fonction potentielle a la même valeur, et, par suite, l'action que la couche sphérique exerce sur la quantité de l'agent située en ce point est la même que si toute la quantité de l'agent contenue dans la couche sphérique était concentrée à son centre.

Pour le cas particulier où la densité k est constante, l'équation précédente pourra s'écrire

(124 *a*) $$V_e = \frac{4\pi}{3}\varepsilon k \frac{A^3 - a^3}{l}.$$

3. *Le point p est situé dans la couche même.*

Dans ce cas, la valeur de l est comprise entre a et A, et, par suite, les valeurs de ρ qui se présentent dans l'intégration sont, les unes plus petites, les autres plus grandes que l.

Nous devons donc décomposer l'intégrale de l'équation (121) en deux autres. Pour la première, les limites sont a et l, et c'est l'équation (122 a) que nous devons employer; pour la seconde, au contraire, les limites sont l et A, et c'est l'équation (122) dont nous devons faire usage. Si nous désignons pour ce cas la fonction potentielle par V_m, nous aurons donc

$$V_m = \frac{2\pi\varepsilon}{l}\left(\int_a^l k\rho.2\rho\,d\rho + \int_l^A k\rho.2l\,d\rho\right),$$

ou bien

$$(125)\qquad V_m = 4\pi\varepsilon\left(\frac{1}{l}\int_a^l k\rho^2\,d\rho + \int_l^A k\rho\,d\rho\right).$$

Pour le cas où k est constant, les intégrations peuvent s'effectuer, et l'on obtient

$$(125\,a)\qquad V_m = 2\pi\varepsilon k\left(A^2 - \frac{1}{3}l^2 - \frac{2}{3}\frac{a^3}{l}\right).$$

§ XXXV.

DÉTERMINATION DE LA FONCTION POTENTIELLE D'UNE COUCHE SPHÉRIQUE HOMOGÈNE AU MOYEN DE L'ÉQUATION (III).

Pour le cas particulier où la densité k est constante et, par suite, la couche sphérique homogène, on peut aussi se servir de l'équation (III), donnée au § XVII, pour la détermination de la fonction potentielle; je vais effectuer cette détermination pour donner un exemple de l'emploi de cette équation.

Cette équation (III) est la suivante :

$$V = \frac{\varepsilon k}{2}\int i\,d\omega,$$

dans laquelle l'intégration s'étend à toute la surface du corps donné, et, par suite, dans le cas actuel, aux deux surfaces sphériques qui limitent la couche. Pour effectuer l'intégration, nous emploierons les mêmes coordonnées polaires que dans le paragraphe précédent.

Si nous considérons d'abord la sphère extérieure de rayon A, l'élément $d\omega$ de sa surface sera donné par l'expression suivante :

$$d\omega = A^2 \sin\theta \, d\theta \, d\varphi.$$

Le cosinus i de l'angle que la droite qui joint le point p à l'élément de surface $d\omega$ fait avec la normale à cet élément sera donné par l'expression suivante, puisque le point p est situé sur l'axe du système à une distance l du centre, et que la normale est le rayon lui-même :

$$i = \frac{A - l\cos\theta}{\sqrt{A^2 + l^2 - 2Al\cos\theta}}.$$

D'après cela, la partie de l'intégrale qui se rapporte à la sphère extérieure, et que nous désignerons par T, sera donnée par

$$T = A^2 \int\int \frac{(A - l\cos\theta)\sin\theta}{\sqrt{A^2 + l^2 - 2Al\cos\theta}} \, d\theta \, d\varphi;$$

l'intégrale relative à φ doit s'étendre depuis o jusqu'à 2π, et celle qui est relative à θ, depuis o jusqu'à π. En effectuant ces deux intégrations, on obtient

$$T = \frac{2\pi}{3l}\Big[(2A^2 - l^2 + Al)\sqrt{A^2 + l^2 + 2Al}$$
$$- (2A^2 - l^2 - Al)\sqrt{A^2 + l^2 - 2Al}\Big].$$

Nous avons à faire la même remarque que dans le paragraphe précédent, relativement aux signes des deux radicaux. Le signe de chaque radical doit être choisi de telle sorte que sa valeur soit positive. La première racine est donc toujours $A + l$. Quant à la seconde, elle sera $A - l$ pour $l < A$, et, au contraire, $l - A$ pour $l > A$. Dans le premier cas, c'est-à-dire si le point p est à l'intérieur de la grande sphère, nous désignerons l'intégrale par T_1; dans le second cas, c'est-à-dire si p est à l'extérieur, nous la désignerons par T_e. Nous aurons ainsi

$$(126)\qquad \begin{cases} T_i = 4\pi\left(A^2 - \dfrac{l^2}{3}\right), \\ T_e = \dfrac{8\pi}{3}\dfrac{A^3}{l}. \end{cases}$$

Il est facile de déduire de ce qui précède la partie de l'intégrale complète qui est relative à la sphère intérieure. Outre qu'il y a à changer A en a dans l'intégrale précédente, il y a encore une différence dans la détermination du cosinus représenté par i; dans ce cas-ci, en effet, la normale élevée à l'élément $d\omega$, et qui est dirigée suivant le rayon, doit être comptée comme positive, non du côté où celui-ci croît, mais du côté où il décroît. Car il a été convenu, dans la détermination de ce cosinus, que la normale serait comptée comme positive dans la direction qui s'étend du corps rempli par l'agent à l'espace vide environnant, et cet espace vide est, pour la sphère intérieure, celui qui est compris sous sa surface. A cause de cette différence, la quantité i et, avec elle, toute la partie de l'intégrale relative à la sphère intérieure changent de signes. Si nous désignons cette partie de l'intégrale par t, en distinguant par les indices i et e les valeurs qu'elle prend suivant que le point p se trouve à l'intérieur ou à l'extérieur de la petite sphère, nous aurons

$$(126\,a)\qquad \begin{cases} t_i = 4\pi\left(-a^2 + \dfrac{l^2}{3}\right), \\ t_e = -\dfrac{8\pi}{3}\dfrac{a^3}{l}. \end{cases}$$

A l'aide de ces valeurs, nous pouvons immédiatement déterminer la fonction potentielle pour toutes les positions possibles du point p. Comme dans le paragraphe précédent, nous représenterons la fonction potentielle par V_i, si p est à l'intérieur de l'espace creux, c'est-à-dire à l'intérieur des deux sphères; par V_m, si p est dans la couche même, c'est-à-dire entre les surfaces des deux sphères; enfin par V_e, si p est à l'extérieur de la couche, c'est-à-dire à l'extérieur des deux sphères. Nous aurons ainsi

$$(127)\quad \begin{cases} V_i = \dfrac{\varepsilon k}{2}(T_i + t_i) = 2\pi\varepsilon k(A^2 - a^2), \\ V_m = \dfrac{\varepsilon k}{2}(T_i + t_e) = 2\pi\varepsilon k\left(A^2 - \dfrac{1}{3}l^2 - \dfrac{2}{3}\dfrac{a^3}{l}\right); \\ V_e = \dfrac{\varepsilon k}{2}(T_e + t_e) = \dfrac{4\pi}{3}\varepsilon h\,\dfrac{A^3 - a^3}{l}; \end{cases}$$

ces expressions concordent avec celles que nous avons trouvées dans le paragraphe précédent.

Entre autres cas particuliers des équations précédentes, je mentionnerai les deux suivants :

Si $a = 0$, on n'a plus affaire à une couche sphérique, mais à une sphère pleine. Dans ce cas, la fonction potentielle, représentée par V_i, n'a plus lieu d'être; mais les deux autres, V_m et V_e, sont valables, et leurs expressions se simplifient d'une manière très-visible, si l'on y remplace a par o.

Le second cas particulier, qui offre surtout de l'intérêt dans la théorie de l'électricité, est celui dans lequel on admet que la couche devient infiniment mince, et la densité k infiniment grande, de sorte que la quantité de l'agent contenue dans la couche reste finie. Dans ce cas, nous écrirons la première et la dernière des formules (127) de la manière suivante :

$$V_i = 2\pi\varepsilon k(A - a)(A + a),$$

$$V_e = \frac{4\pi\varepsilon}{3}k(A - a)\frac{A^2 + Aa + a^2}{l}.$$

Supposons maintenant que l'épaisseur $A - a$ décroisse indéfiniment, et en même temps que la densité k augmente indéfiniment dans le même rapport, de sorte que le produit $k(A - a)$ reste une quantité finie et déterminée que nous désignerons par h; les deux expressions précédentes convergeront vers des limites déterminées, qui sont les mêmes que celles que l'on obtient en considérant tout d'abord une seule surface sphérique recouverte par l'agent, et en représentant par h la *densité superficielle*. Pour déterminer ces limites, on doit faire $A = a$, dans les sommes $A + a$ et $A^2 + Aa + a^2$, et les formules précédentes deviendront

$$(128)\qquad \begin{cases} V_i = 4\pi\varepsilon h a, \\ V_e = 4\pi\varepsilon h \dfrac{a^2}{l}. \end{cases}$$

Si, pour tous les cas qui ont été étudiés dans ce paragraphe et dans le précédent, on veut obtenir la fonction potentielle au moyen de coordonnées rectangulaires, on n'a qu'à remplacer, dans les formules qu'on a obtenues, la quantité l par l'expression qui la représente dans ce système de coordonnées. Si x_0, y_0, z_0 sont les coordonnées du centre de la sphère, on posera

$$l = \sqrt{(x - x_0)^2 + (y - y_0)^2 + (z - z_0)^2}.$$

Après cette substitution, il sera aisé de former les coefficients différentiels du premier et du second ordre, relativement à chacune des trois coordonnées, et l'on pourra comparer les expressions que l'on obtiendra avec les résultats exprimés par les théorèmes généraux énoncés plus haut.

DU

POTENTIEL.

§ XXXVI.

POINTS DE DÉPART DE LA THÉORIE.

Pour expliquer la notion du potentiel et le rôle qu'il joue dans les recherches physiques, je devrai m'appuyer sur deux théorèmes fondamentaux de Mécanique, savoir : 1° le principe *des mouvements virtuels*, ou, selon l'expression consacrée, *des vitesses virtuelles*, et 2° *le principe de d'Alembert*. Ce n'est pas ici le lieu de développer et de démontrer ces principes; je ne ferai que les exposer de manière à pouvoir y relier les considérations subséquentes. Je les exprimerai toutefois sous une forme un peu plus complète que celle qu'on leur donne habituellement, parce que, dans les recherches physiques, il importe de savoir exactement dans quelles conditions ils sont applicables, et quelles sont les modifications qu'ils subissent, si ces conditions viennent à changer.

§ XXXVII.

NOTIONS DES MOUVEMENTS VIRTUELS ET DISTINCTION DES DEUX CAS.

Soit donné un système quelconque de points mobiles p, p_1, $p_2, \ldots$, qui peuvent être entièrement libres de se mouvoir en tous sens, ou gênés dans leurs mouvements par certaines conditions. Ces conditions peuvent provenir de la nature du système lui-même lorsque les points sont reliés d'une manière quelconque les uns aux autres, de sorte que le mouvement de quelques-uns d'entre eux détermine, entièrement ou en partie, le mouvement de certains autres; elles peuvent aussi provenir de l'extérieur, comme, par exemple, lorsqu'un point est assujetti à se mouvoir sur une surface ou une courbe rigide, ou à rester fixe, d'où il résulte en même temps que les autres points qui sont reliés à ce premier sont assujettis, dans leurs mouvements, à des conditions correspondantes.

Il y a encore une distinction essentielle à faire, relativement aux conditions auxquelles est assujetti un système. Si un point est assujetti à rester sur une surface rigide, il ne peut se mouvoir, normalement à la surface, ni dans un sens, ni dans l'autre. Mais si l'on suppose que le point se trouve à la surface d'un corps rigide et impénétrable pour lui, il ne pourra pas se mouvoir, dans la direction de la normale, vers l'intérieur du corps, tandis que son mouvement est libre vers l'extérieur. La même remarque s'applique à l'électricité dans un corps conducteur qui est entouré de corps non conducteurs : une quantité d'électricité qui se trouve à la surface peut bien se mouvoir vers l'intérieur du conducteur, mais non vers l'extérieur. Si l'on suppose de plus deux points mobiles reliés entre eux par une ligne rigide, ils ne pourront ni s'approcher, ni s'éloigner l'un de l'autre; s'ils sont, au contraire, reliés par un fil flexible et inextensible, et qu'on les suppose éloignés l'un de l'autre de telle sorte que le fil soit tendu, ils ne pourront pas s'éloigner davantage, mais ils pourront se rapprocher l'un de l'autre. Je donnerai à ces obstacles, qui s'opposent au mouvement dans un sens, mais le laissent libre en sens contraire, le nom d'*obstacles à résistance unilatérale ;* à ceux qui agissent dans deux sens opposés, de sorte que, si le mouvement est impossible dans l'un des sens, il l'est également dans l'autre, nous donnerons, dans le cas où la distinction est nécessaire, le nom d'*obstacles à résistance bilatérale.*

Considérons le système dans une certaine position, et donnons-lui un déplacement infiniment petit, de sorte que les différents points du système parcourent des chemins infiniment petits. D'après ce qui précède, ces chemins ne sont pas arbitraires pour chaque point; mais ils doivent satisfaire aux conditions auxquelles sont assujettis les mouvements des points du système. On a nommé ce système de mouvements infiniment petits, qui sont possibles d'après ces conditions, un système de *vitesses virtuelles,* parce qu'originairement on a considéré surtout les différentes vitesses de ces mouvements simultanés. Mais cette dénomination n'est pas tout à fait propre, parce que les vitesses avec lesquelles les points se meuvent simultanément ne déterminent que les longueurs proportionnelles des chemins infiniment petits, mais non leurs *directions,* que l'on a également à considérer. C'est pourquoi je pense qu'il serait plus exact de parler de *mouvements virtuels;* car le mot de *mouvement* fait penser immédiatement à la grandeur et à la direction, tandis que le mot de *vitesse,* au moins dans le sens ordinaire, n'implique pas l'idée de direction.

Dans la plupart des cas, il y a pour un même système de points un nombre infini de mouvements virtuels. Si tous les obstacles au mouvement sont à résistance bilatérale, à chaque système de mouvements virtuels correspondra son contraire, puisque les points peuvent se mouvoir également dans l'un et l'autre sens. Mais s'il y a des obstacles à résistance unilatérale, il y aura des systèmes de mouvements virtuels qui pourront s'effectuer dans un sens, et non en sens contraire. Nous nommerons *réversibles* les mouvements virtuels de la première espèce, et *non réversibles* ceux de la seconde.

§ XXXVIII.

NOTION DES MOMENTS VIRTUELS ET EXPRESSION DU THÉORÈME QUI Y EST RELATIF.

Admettons maintenant, en outre, que les différents points mobiles soient soumis à l'action de certaines forces, celles qui agissent sur chaque point pourront être considérées soit isolément, soit comme composées en une résultante. Ces forces, combinées avec les mouvements virtuels, en multipliant chacun de ceux-ci par la composante de la force qui agit sur le point, estimée suivant la direction de son mouvement, donnent pour produit ce que l'on appelle les *moments virtuels*. A chaque système de mouvements virtuels correspond donc un système de moments virtuels. Ces moments seront positifs ou négatifs selon que la composante correspondante de la force est dirigée dans le sens du mouvement ou en sens contraire.

A l'aide des moments virtuels, on peut exprimer simplement par le théorème suivant les conditions qui doivent être remplies, pour que le système de points soit en équilibre, sous l'influence des forces qui le sollicitent :

Il est nécessaire et suffisant pour l'équilibre que, pour tous les systèmes possibles de mouvements virtuels, la somme des moments virtuels soit nulle ou négative.

Il va de soi que, pour un système *réversible* de mouvements virtuels, la somme des moments virtuels doit être nulle seulement; car si elle avait une valeur négative assignable, on en obtiendrait une positive pour les mouvements contraires, qui sont également possibles, ce qui serait en contradiction avec le théorème. Pour les cas où il ne se présente que des mouvements virtuels réversibles, on peut donc dire simplement : *Pour tous les systèmes de mouvements virtuels, la somme des moments virtuels doit être nulle.* C'est sous cette forme que le théorème est ordinairement exprimé, parce qu'on a laissé de côté les cas où il se présente des mouvements virtuels non réversibles.

Pour exprimer mathématiquement ce théorème, soient δs, δs_1, $\delta s_2, \ldots$ les chemins infiniment petits parcourus par les points dans un système de mouvements virtuels; P, P_1, $P_2, \ldots$ les forces qui agissent sur chacun des points, en admettant, s'il y a plusieurs forces qui agissent sur un même point, qu'on en ait pris la résultante; soient enfin φ, φ_1, $\varphi_2, \ldots$ les angles compris entre les directions des forces et celles des mouvements virtuels correspondants. Les moments virtuels seront représentés par les produits $P\cos\varphi.\delta s$, $P_1\cos\varphi_1.\delta s_1$, $P_2\cos\varphi.\delta s_2, \ldots$, et on obtiendra, pour l'expression du théorème précédent,

$$P\cos\varphi.\delta s + P_1\cos\varphi_1.\delta s_1 + P_2\cos\varphi_2.\delta s_2 + \ldots \overline{\overline{<}}\, 0,$$

ou, en employant le signe sommatoire,

$$(129) \qquad \sum P \cos\varphi\,\delta s \overline{\overline{<}}\, 0,$$

pour le cas où il ne se présente que des mouvements virtuels réversibles, on ne devra prendre que le signe $=$; mais, pour le cas où il se présente également des mouvements non réversibles, on devra prendre à la fois les deux signes $=$ et $<$.

Pour les applications, il est plus commode de donner à l'expression précédente une forme un peu différente. Si nous représentons par δx, δy et δz les variations que subissent les coordonnées x, y, z du point p, par suite du mouvement infiniment petit δs, et si nous décomposons la force P qui agit sur ce point, en ses trois composantes X, Y, Z dirigées suivant les axes, il est facile de voir que l'on a

$$P \cos\varphi\; \delta s = X\delta x + Y\delta y + Z\delta z;$$

comme on a des équations analogues pour les autres points, on obtiendra, au lieu de (129),

$$(130) \qquad \sum (X\delta x + Y\delta y + Z\delta z) \overline{\overline{<}}\, 0.$$

§ XXXIX.

EXPRESSION DU MÊME THÉORÈME AU MOYEN DE LA NOTION DU TRAVAIL.

La quantité désignée dans le théorème précédent sous le nom de *moment virtuel* se trouve dans une relation étroite avec une autre quantité qui joue un rôle considérable en Mécanique. Lorsqu'un point parcourt le chemin élémentaire δs, et que la composante $P\cos\varphi$ de la force, estimée suivant la direction de ce chemin, est absolument la même en tous les points de celui-ci, le produit $P\cos\varphi\,\delta s$ représente *le travail effectué par la force pendant le mouvement.* L'hypothèse que $P\cos\varphi$ ne change pas de valeur pendant le mouvement n'est en général pas rigoureusement remplie. Lorsque la force agissante varie en grandeur et en direction dans les différents lieux de l'espace, on ne peut pas la considérer comme étant absolument la même dans les différentes parties d'un chemin infiniment petit; et si, en outre, δs n'est pas une portion de droite, mais une portion de courbe, il s'ensuivra que l'angle φ compris entre la direction de la force et celle du chemin sera différent pour les différentes parties de celui-ci, si même la direction de la force était constante. L'expression complète du travail est donc en général

$$P\cos\varphi\,\delta s + \frac{1}{2!}\frac{d(P\cos\varphi)}{ds}\delta s^2 + \frac{1}{3!}\frac{d^2(P\cos\varphi)}{ds^2}\delta s^3 + \ldots.$$

Le premier terme de cette expression est ce que nous avons nommé le *moment virtuel de la force*, et l'on voit donc que le travail effectué par la force pendant un mouvement infiniment petit ne diffère du moment virtuel que par l'addition de quantités qui sont d'ordre supérieur relativement à la longueur du chemin.

D'après cela, on pourra exprimer de la manière suivante le théorème relatif à l'équilibre :

Il est nécessaire et suffisant, pour l'équilibre, que, pour chaque système de mouvements virtuels, la somme des travaux effectués par toutes les forces soit, ou un infiniment petit d'ordre supérieur, relativement aux éléments de chemin, ou une quantité négative.

Si tous les mouvements virtuels sont réversibles, c'est la première partie de l'énoncé seulement qui est valable, c'est-à-dire que la somme des travaux doit être un infiniment petit d'ordre supérieur.

Cette manière de présenter le théorème relatif à l'équilibre permet de lui donner plus d'extension, car les infiniment petits d'ordre supérieur pouvant être positifs ou négatifs, il en résultera la distinction entre l'équilibre stable et l'équilibre instable, qui se fera de la manière suivante. Si, pour tous les systèmes de mouvements virtuels, la somme des travaux des forces est *négative*, l'équilibre est *stable;* si elle est *positive* pour tous les systèmes, l'équilibre est *instable ;* si enfin, ce qui peut arriver, elle est négative pour certains systèmes et positive pour d'autres, on ne pourra dire ni que l'équilibre est complétement stable, ni qu'il est complétement instable.

§ XL.

LE PRINCIPE DE D'ALEMBERT.

Du théorème relatif à l'équilibre, on peut, à l'aide du principe de d'Alembert, déduire le théorème général relatif au mouvement.

Mais, pour cela, nous devrons considérer d'une manière un peu différente les restrictions auxquelles sont soumis les mouvements des points. Nous avons admis précédemment qu'il pouvait se présenter des obstacles à résistance unilatérale, et nous avons supposé qu'ils résistent à une pression quelconque exercée sur eux, sans avoir égard à la force d'où provient cette résistance. Mais, dans le mouvement, il n'est pas toujours possible de procéder d'une manière aussi simple; car si l'on voulait admettre, par exemple, qu'un point animé d'une certaine vitesse rencontre une paroi absolument fixe, il en résulterait une destruction subite du mouvement, ce qui n'a pas lieu dans la nature. Lorsqu'un corps rencontre une paroi fixe, il se présente entre la paroi et le corps une action mutuelle d'une durée très-courte, mais finie; pendant ce temps, les mouvements des différentes parties du corps subissent certaines modifications, et la paroi ne reste pas non plus complétement en repos; mais elle prend un certain mouvement qui absorbe une partie de la force vive du corps.

Pour pouvoir étudier cet effet d'une manière complète, on doit considérer la paroi et les autres objets auxquels elle se trouve reliée, comme étant également des corps dont les parties sont susceptibles de mouvement, et, en outre, pourvues de certaines forces qui deviennent actives pendant le choc. Par ce procédé, que l'on peut également employer dans tous les cas analogues, le système mobile considéré se trouve agrandi; mais, par contre, les obstacles à résistance unilatérale disparaissent comme tels du sujet. Il y a, à la vérité, des cas où une surface, qui résiste au mouvement dans un seul sens, peut être considérée, sans erreur sensible, comme absolument fixe ; toutefois on pourra introduire cette simplification dans le calcul, quand il y aura lieu, sans qu'il soit nécessaire que nous y ayons égard dans les développements généraux qui suivent. Nous supposerons donc à l'avenir qu'il n'y a pas d'obstacle à résistance unilatérale, et, par suite, que *tous les mouvements virtuels sont réversibles.*

Revenons au système de points mobiles considéré plus haut, et regardons-les comme des points matériels de masses m, m_1, $m_2, \ldots$, dont les coordonnées x, y, z; x_1, y_1, $z_1, \ldots$ sont fonctions du temps t. Formons, pour le premier point, sur lequel agit une force dont les composantes sont X, Y, Z les quantités suivantes :

$$X - m\frac{d^2x}{dt^2}, \quad Y - m\frac{d^2y}{dt^2}, \quad Z - m\frac{d^2z}{dt^2};$$

de même, pour le second point, les quantités

$$X_1 - m_1\frac{d^2x_1}{dt^2}, \quad Y_1 - m_1\frac{d^2y_1}{dt^2}, \quad Z_1 - m_1\frac{d^2z_1}{dt^2};$$

et ainsi de suite. Ces quantités, que l'on appelle *les composantes des forces perdues pour le mouvement*, doivent être substituées dans l'expression (130) à la place des composantes des forces actives données. On obtient ainsi, en ne prenant que le premier des deux signes $=$ et $<$, puisque tous les mouvements virtuels sont supposés réversibles, l'équation suivante :

$$(131) \quad \left\{ \begin{aligned} \sum \Big[\Big(X - m\frac{d^2x}{dt^2}\Big)\delta x + \Big(Y - m\frac{d^2y}{dt^2}\Big)\delta y \\ + \Big(Z - m\frac{d^2z}{dt^2}\Big)\delta z \Big] = 0. \end{aligned} \right.$$

Le signe sommatoire se rapporte à toutes les masses qui prennent part au mouvement, même s'il en est parmi elles sur lesquelles aucune des forces données n'agit directement; tandis que, dans l'expression (130), qui est relative à l'équilibre, lorsqu'il existe plusieurs points reliés entre eux, dont les uns sont soumis à l'action de forces données, tandis que les autres ne le sont pas, les premiers seuls sont compris sous le signe sommatoire.

Telle est l'équation générale du mouvement, qui est, comme on sait, d'une importance capitale en Mécanique. Elle est encore valable lorsque les masses mobiles ne sont pas concentrées en des points, mais remplissent des volumes d'une manière continue; dans ce cas, la sommation se remplace par une intégration, ce qu'on peut faire après certaines transformations de l'expression.

§ XLI.

PRINCIPE DE L'ÉQUIVALENCE DE LA FORCE VIVE ET DU TRAVAIL, ET CONDITION QUI DOIT ÊTRE REMPLIE POUR SA VALIDITÉ.

Nous allons déduire de l'équation (131) *le principe de l'équivalence de la force vive et du travail mécanique.*

Nous aurons d'abord à revenir sur les restrictions auxquelles sont soumis les mouvements des points. Dans les considérations sur l'équilibre, il était permis d'admettre comme évident que ces restrictions étaient d'une nature telle, qu'elles ne pouvaient par elles-mêmes occasionner un mouvement des points. Lorsque, par exemple, on admettait qu'un point est assujetti à demeurer sur une surface donnée, cette surface était supposée fixe et invariable; car si elle se mouvait ou si elle changeait de forme avec le temps, ces causes produiraient déjà par elles-mêmes un mouvement du point, de sorte que le repos nécessaire pour l'équilibre serait impossible. Dans les considérations sur le mouvement, au contraire, ces cas ne sont pas à exclure, car on peut fort bien considérer le mouvement d'un point qui se trouve sur une surface mobile et participe à son mouvement, tandis qu'il se meut en outre sur la surface même, en vertu de la force qui le sollicite.

La condition qu'un point (x, y, z) doit demeurer sur une surface fixe se représente mathématiquement par une équation de la forme

$$F(x, y, z) = 0;$$

si, au contraire, la surface sur laquelle le point doit se mouvoir est elle-même mobile ou variable avec le temps, l'équation de condition sera de la forme

$$F(x, y, z, t) = 0.$$

On pourra, en général, distinguer de la même manière, au moyen des équations, si les conditions, auxquelles les mouvements des points sont assujettis, peuvent ou non occasionner par elles-mêmes des mouvements; dans le premier cas, les équations qui expriment ces conditions doivent renfermer le temps ou d'autres variables dépendantes du temps, outre les coordonnées des points donnés; dans le second cas, elles ne doivent renfermer que ces dernières.

Il y a une distinction essentielle à établir entre ces deux cas, quant à la dépendance qui existe entre le mouvement réel et les mouvements virtuels. Lorsque l'on veut déterminer les mouvements virtuels au moyen d'équations qui renferment le temps, cette détermination doit avoir lieu pour un instant donné, et, par suite, on doit regarder le temps comme constant dans le calcul. Soit, par exemple, donnée une équation renfermant, outre le temps, les coordonnées d'un certain nombre de points

$$(132) \qquad F(x, y, z, x_1, y_1, z_1, \ldots, t) = 0;$$

on en déduira, pour les mouvements virtuels au temps t, l'équation suivante :

$$(133) \quad \left\{ \begin{aligned} &\frac{dF}{dx}\delta x + \frac{dF}{dy}\delta y + \frac{dF}{dz}\delta z \\ &\quad + \frac{dF}{dx_1}\delta x_1 + \frac{dF}{dy_1}\delta y_1 + \frac{dF}{dz_1}\delta z_1 + \ldots = 0; \end{aligned} \right.$$

où il n'entre que les coefficients différentiels relatifs aux coordonnées des points. Si l'on considère, au contraire, les mouvements que les points effectuent réellement pendant le temps infiniment petit qui s'écoule depuis l'instant t jusqu'à $t+dt$, et dont les projections sur les axes sont représentées par $dx, dy, dz, dx_1, dy_1, dz_1, \ldots$, on devra former une équation dans laquelle le temps est également regardé comme variable, et qui sera

$$(134)\quad \left\{\begin{aligned} &\frac{dF}{dx}dx+\frac{dF}{dy}dy+\frac{dF}{dz}dz\\ &\qquad+\frac{dF}{dx_1}dx_1+\frac{dF}{dy_1}dy_1+\frac{dF}{dz_1}dz_1+\ldots+\frac{dF}{dt}dt=0.\end{aligned}\right.$$

On voit par là que, dans le cas où les équations de condition données renferment le temps, les équations servant à la détermination de $dx, dy, dz, dx_1, dy_1, dz_1, \ldots$, seront différentes de celles que l'on trouve pour $\delta x, \delta y, \delta z, \delta x_1, \delta y_1, \delta z_1, \ldots$, et, par suite, que le système des mouvements que les points effectuent réellement pendant le temps infiniment petit qui s'écoule depuis l'instant t jusqu'à $t+dt$, ne peut en général être identique avec aucun des systèmes de mouvements virtuels qui ont lieu à l'instant t. Si, au contraire, les équations de condition ne renferment pas le temps, le dernier terme qui renferme le coefficient différentiel par rapport à t, disparaîtra des équations qui servent à déterminer $dx, dy, dz, dx_1, dy_1, dz_1, \ldots$; et ces équations concordent alors avec celles en $\delta x, \delta y, \delta z, \delta x_1, \delta y_1, \delta z_1, \ldots$; par suite, le système des mouvements réels doit, dans ce cas, être l'un des systèmes multiples de mouvements virtuels.

Or, c'est à ce dernier cas que se rapporte le théorème de l'équivalence de la force vive et du travail mécanique; et je crois utile de rappeler l'hypothèse d'où nous devons partir dans son développement, et sur laquelle repose par conséquent sa validité : *les équations de condition auxquelles sont soumis les mouvements des points ne peuvent renfermer comme variables que les coordonnées de ces points;* ce que l'on peut exprimer également de la manière suivante, en vertu de ce

8.

qui précède : les conditions données ne doivent pas renfermer en elles-mêmes une cause de mouvement; c'est-à-dire qu'elles ne doivent contenir implicitement aucune force qui, de même que les forces données explicitement, pourrait produire du mouvement et accélérer ou retarder les mouvements existants.

Dans cette hypothèse, l'équation (131), qui est applicable à tout système de mouvements virtuels, doit aussi rester valable, lorsqu'au lieu des mouvements virtuels on introduit ceux qui s'effectuent réellement pendant le temps dt, et qui doivent, comme nous le savons, coïncider avec l'un des systèmes de mouvements virtuels. Afin d'indiquer clairement que les mouvements se rapportent au temps dt, nous écrirons dx, dy, dz sous la forme

$$\frac{dx}{dt}dt,\quad \frac{dy}{dt}dt,\quad \frac{dz}{dt}dt.$$

En substituant ces expressions à la place de δx, δy, δz, dans l'équation (131), nous aurons

$$\sum\left[\left(X-m\frac{d^2x}{dt^2}\right)\frac{dx}{dt}+\left(Y-m\frac{d^2y}{dt^2}\right)\frac{dy}{dt}\right.$$
$$\left.+\left(Z-m\frac{d^2z}{dt^2}\right)\frac{dz}{dt}\right]dt=0,$$

ou, en ordonnant différemment les termes,

$$(135)\quad \left\{\begin{aligned}&\sum m\left(\frac{dx}{dt}\frac{d^2x}{dt^2}+\frac{dy}{dt}\frac{d^2y}{dt^2}+\frac{dz}{dt}\frac{d^2z}{dt^2}\right)dt\\&=\sum\left(X\frac{dx}{dt}+Y\frac{dy}{dt}+Z\frac{dz}{dt}\right)dt.\end{aligned}\right.$$

Le premier membre peut se mettre sous une forme plus simple. Si nous représentons la vitesse du premier point par v, on sait que

$$v^2=\left(\frac{dx}{dt}\right)^2+\left(\frac{dy}{dt}\right)^2+\left(\frac{dz}{dt}\right)^2,$$

d'où résulte

$$\frac{d(v^2)}{dt} = 2\left(\frac{dx}{dt}\frac{d^2x}{dt^2} + \frac{dy}{dt}\frac{d^2y}{dt^2} + \frac{dz}{dt}\frac{d^2z}{dt^2}\right),$$

et il en est de même pour les vitesses de tous les autres points. Au moyen de ces équations la précédente (135) devient

$$(136)\quad \frac{1}{2}\sum m\frac{d(v^2)}{dt}dt = \sum\left(X\frac{dx}{dt} + Y\frac{dy}{dt} + Z\frac{dz}{dt}\right)dt.$$

L'expression que renferme le premier membre peut s'intégrer immédiatement; nous effectuerons l'intégration depuis un temps initial t_0, jusqu'à un temps t, et nous désignerons les vitesses initiales respectives des différents points par $v_0, (v_1)_0, (v_2)_0, \ldots$. Dans le second membre nous devons seulement indiquer provisoirement l'intégration. Nous écrirons donc

$$(137)\quad \frac{1}{2}\sum mv^2 - \frac{1}{2}\sum mv_0^2 = \int_{t_0}^{t}\sum\left(X\frac{dx}{dt} + Y\frac{dy}{dt} + Z\frac{dz}{dt}\right)dt.$$

Cette équation exprime le théorème cherché, et il ne s'agit plus que de déterminer la signification des deux membres. Lorsqu'une masse m se meut avec la vitesse v, nous appellerons $\frac{1}{2}mv^2$ la force vive de cette masse (*); d'après cela, $\frac{1}{2}\sum mv^2$ est la force vive de tout le système de masses, et le premier membre de l'équation représente l'accroissement de force vive qui a eu lieu dans le système depuis l'instant t_0 jusqu'à l'instant t. Quant au second membre, il résulte de ce que nous avons dit au § XXXIX que l'expression

$$\left(X\frac{dx}{dt} + Y\frac{dy}{dt} + Z\frac{dz}{dt}\right)dt,$$

abstraction faite des infiniment petits d'ordre supérieur, re-

(*) Cette dénomination diffère un peu de celle qui était usitée auparavant et en vertu de laquelle on appelait mv^2 la force vive.

présente le travail que la force qui agit sur le premier point effectue pendant l'intervalle de temps dt; le second membre de l'équation précédente représentera donc le travail effectué par toutes les forces qui agissent sur le système depuis l'instant t_0 jusqu'à l'instant t. Cette équation exprime donc le théorème suivant :

L'accroissement de force vive du système pendant un certain temps est égal au travail que les forces qui agissent sur ce système ont effectué pendant le même temps.

§ XLII.

DISTINCTION A FAIRE RELATIVEMENT A LA POSSIBILITÉ D'EFFECTUER L'INTÉGRATION DE L'EXPRESSION QUI REPRÉSENTE LE TRAVAIL.

Pour l'équilibre, comme pour le mouvement, nous sommes arrivé à des équations qui renferment *le travail mécanique*, et nous avons à étudier de plus près l'expression qui le représente.

Si nous désignons par T le travail effectué dans le système depuis l'instant t_0 jusqu'à l'instant t, nous aurons

$$(138) \qquad T = \int_{t_0}^{t} \sum \left(X \frac{dx}{dt} + Y \frac{dy}{dt} + Z \frac{dz}{dt} \right) dt.$$

Les composantes X, Y, Z des forces dépendent d'abord des coordonnées des points mobiles, car la force qui agit sur un point peut être différente en différents lieux de l'espace; en outre, elles peuvent dépendre directement du temps, puisque les forces qui agissent peuvent varier avec le temps; enfin elles peuvent dépendre de l'état de mouvement actuel du système, ce qui a lieu, par exemple, pour la force qui provient de la résistance de l'air, et qui dépend de la vitesse du corps en mouvement. Or, comme les coordonnées des points et toutes les quantités dépendantes du mouvement, qui peuvent entrer dans les composantes des forces, doivent être regardées comme fonctions du temps, on peut également regarder les composantes des forces elles-mêmes comme fonctions de cette seule variable; et de là résulte, en outre, que toute l'expression à intégrer doit également pouvoir se représenter en fonction du temps seul. D'après cela, l'intégration indiquée dans notre équation est toujours possible, du moment où le mouvement est suffisamment connu pour pouvoir réellement ramener l'expression à une fonction du temps, puisqu'il ne s'agit plus dès lors que d'intégrer une fonction d'une seule variable relativement à cette variable. Mais il y a aussi des cas où cette réduction n'est pas nécessaire et où l'on peut écrire l'intégrale sous la forme

$$\int \sum (X\,dx + Y\,dy + Z\,dz),$$

en y considérant les coordonnées comme des variables indépendantes, sans que l'intégration cesse d'être praticable; et ces cas sont d'une importance particulière en Physique.

§ XLIII.

CAS DANS LEQUEL LE PROCÉDÉ GÉNÉRAL D'INTÉGRATION EST APPLICABLE.

Parmi les cas énoncés à la fin du paragraphe précédent, dans lesquels l'intégration peut s'effectuer lors même que les coordonnées sont considérées comme des variables indépendantes, se trouve tout d'abord le cas traité déjà au § V, *cas dans lequel les forces qui agissent sur un point mobile peuvent se décomposer en forces attractives ou répulsives émanant de points fixes dans l'espace, et dont l'intensité est une fonction quelconque de la distance.*.

Soient p', p'_1, p'_2,... des points fixes de coordonnées x', y', z'; x'_1, y'_1, z'_1,.... Parmi les points mobiles considérons-en provisoirement un seul p de coordonnées x, y, z. Appelons r' la distance de p à p', de sorte que

$$(139) \qquad r' = \sqrt{(x'-x)^2 + (y'-y)^2 + (z'-z)^2},$$

et représentons par $f(r')$ la force avec laquelle p' agit sur p, et qui sera attractive ou répulsive, suivant que cette fonction sera positive ou négative; de même soit r'_1 la distance de p à p'_1, et $f_1(r'_1)$ la force émanant de p'_1, et ainsi de suite. Si l'on forme actuellement les fonctions suivantes :

$$F(r') = -\int f(r')\,dr',$$

$$F(r'_1) = -\int f_1(r'_1)\,dr'_1,$$

$$\ldots\ldots\ldots\ldots\ldots\ldots,$$

et que l'on pose

$$(140) \qquad U = F(r') + F_1(r'_1) + \ldots = \sum F(r'),$$

U sera la fonction de force pour le point p, et l'on aura

$$X = \frac{dU}{dx}, \quad Y = \frac{dU}{dy}, \quad Z = \frac{dU}{dz}.$$

Ensuite de cette dernière équation, on peut écrire

$$X\,dx + Y\,dy + Z\,dz = \frac{dU}{dx}\,dx + \frac{dU}{dy}\,dy + \frac{dU}{dz}\,dz;$$

et, comme U est une quantité qui ne renferme pas d'autres variables que x, y, z, le second membre est sa différentielle exacte, qui peut se représenter par dU; l'intégration pourra donc s'effectuer immédiatement, et l'on obtiendra

$$(141) \qquad \int (X\,dx + Y\,dy + Z\,dz) = \int dU = U + \text{const.}$$

Si le point p est parti d'une position initiale dont les coordonnées sont x_0, y_0, z_0, et si nous désignons par U_0 la valeur de la fonction U pour cette position, nous aurons, pour le travail effectué par les forces agissantes, depuis cette position initiale jusqu'à la position (x, y, z), l'expression

$$(142) \qquad T = U - U_0.$$

De là résulte que, pour les forces de cette espèce, le travail est complétement déterminé, si l'on se donne la position initiale et la position finale du point, sans qu'il soit nécessaire de connaître le chemin par lequel le point est arrivé de l'une de ces positions à l'autre. On peut dire plus : il suffit qu'on se donne les deux surfaces de niveau dans lesquelles sont situés le point initial et le point final, et qui répondent, comme on sait, à des valeurs déterminées de la fonction U, pour pouvoir déterminer complétement le travail.

Il est facile d'étendre les considérations qui précèdent au cas où, au lieu d'un seul point mobile p, on donne un système de points mobiles $p, p_1, p_2, \ldots$, tandis que les forces qui agissent sur eux émanent, comme précédemment, de points fixes $p', p'_1, p'_2, \ldots$. Dans ce cas, l'on aura, pour chacun des points mobiles, une fonction de force de la même espèce que la précédente, et, si l'on désigne ces fonctions de force respectivement par $U, U_1, U_2, \ldots$, on pourra écrire

$$\begin{aligned}\sum(X\,dx + Y\,dy + Z\,dz) &= dU + dU_1 + dU_2 + \ldots\\ &= d(U + U_1 + U_2 + \ldots).\end{aligned}$$

La somme qui se trouve entre parenthèses dans le second membre peut aussi se représenter de la manière suivante :

(143) $$U + U_1 + U_2 + \ldots = \sum F(r');$$

mais le signe sommatoire a ici une signification plus étendue que dans l'équation (140), puisqu'il ne se rapporte pas seulement à autant de termes qu'il y a de points fixes, mais à autant qu'il y a de combinaisons d'un point fixe avec un point mobile. L'équation qui précède s'écrira donc

(144) $$\sum(X\,dx + Y\,dy + Z\,dz) = d\sum F(r').$$

L'expression à intégrer est donc ramenée, comme plus haut, à la forme d'une différentielle totale, et, par suite, l'intégrabilité immédiate est démontrée pour un nombre quelconque de points mobiles.

§ XLIV.

AUTRE CAS DANS LEQUEL LE PROCÉDÉ GÉNÉRAL D'INTÉGRATION EST APPLICABLE.

Un autre cas que nous avons à considérer est celui *où les points mobiles exercent les uns sur les autres des forces attractives ou répulsives, dont l'intensité est une fonction quelconque de la distance.*

Soit r la distance des deux points p et p_1 de coordonnées x, y, z, et x_1, y_1, z_1, de sorte que

$$r = \sqrt{(x_1 - x)^2 + (y_1 - y)^2 + (z_1 - z)^2}, \tag{145}$$

et soit représentée par $\varphi(r)$ la force qu'ils exercent l'un sur l'autre. Cette force agit sur les deux points avec la même intensité et en sens contraires, et, par suite, elle entre deux fois dans la formule du travail total, la première fois au point p, où ses composantes sont

$$\varphi(r)\frac{x_1 - x}{r}, \quad \varphi(r)\frac{y_1 - y}{r}, \quad \varphi(r)\frac{z_1 - z}{r};$$

et la seconde fois au point p_1, où ses composantes sont

$$\varphi(r)\frac{x - x_1}{r}, \quad \varphi(r)\frac{y - y_1}{r}, \quad \varphi(r)\frac{z - z_1}{r}.$$

Or, en vertu de (145), on a

$$\frac{dr}{dx} = -\frac{x_1 - x}{r} \quad \text{et} \quad \frac{dr}{dx_1} = -\frac{x - x_1}{r};$$

et l'on peut, par suite, en posant

$$\Phi(r) = -\int \varphi(r)\, dr,$$

écrire

$$\varphi(r)\,\frac{x_1 - x}{r} = -\,\varphi(r)\,\frac{dr}{dx} = \frac{d\,\Phi(r)}{dx},$$

$$\varphi(r)\,\frac{x - x_1}{r} = -\,\varphi(r)\,\frac{dr}{dx_1} = \frac{d\,\Phi(r)}{dx_1}.$$

On aura des équations analogues pour les composantes suivant les axes des y et des z; et les six composantes des deux forces opposées seront, par suite, représentées par les coefficients différentiels suivants :

$$\frac{d\,\Phi(r)}{dx},\quad \frac{d\,\Phi(r)}{dy},\quad \frac{d\,\Phi(r)}{dz},$$

$$\frac{d\,\Phi(r)}{dx_1},\quad \frac{d\,\Phi(r)}{dy_1},\quad \frac{d\,\Phi(r}{dz_1}.$$

Si de la somme totale

$$\sum (X\,dx + Y\,dy + Z\,dz),$$

on ne prend que la partie relative à ces deux forces contraires, on aura

$$\frac{d\,\Phi(r)}{dx}\,dx + \frac{d\,\Phi(r)}{dy}\,dy + \frac{d\,\Phi(r)}{dz}\,dz + \frac{d\,\Phi(r)}{dx_1}\,dx_1$$

$$+ \frac{d\,\Phi(r)}{dy_1}\,dy_1 + \frac{d\,\Phi(r)}{dz_1}\,dz_1;$$

et puisque r ne dépend que des six variables x, y, z, x_1, y_1, z_1, et que, par suite, $\Phi(r)$ doit être considérée comme une fonction de ces six variables, l'expression précédente est une différentielle totale que l'on peut écrire $d\,\Phi(r)$.

Chaque force qui s'exerce entre deux points mobiles donne de même six termes qui forment ensemble une différentielle totale. On peut donc, puisqu'il n'y a pas d'autres forces que les actions mutuelles que les points mobiles exercent les uns sur les autres, écrire

$$(146)\quad \begin{cases} \sum(X\,dx + Y\,dy + Z\,dz) = d\Phi(r) + d\Phi_1(r_1) + \ldots \\ \qquad = d\left[\Phi(r) + \Phi_1(r_1) + \ldots\right] \\ \qquad = d\sum\Phi(r); \end{cases}$$

la somme indiquée dans le second membre renferme autant de termes qu'il y a de combinaisons des points mobiles deux à deux. L'intégrabilité de cette expression est donc également démontrée pour ce cas.

§ XLV.

CONSIDÉRATION SIMULTANÉE DES DEUX CAS PRÉCÉDENTS.

Supposons enfin que les deux espèces de forces considérées agissent simultanément, et que, par suite, *les points mobiles soient soumis aussi bien à l'action de forces attractives ou répulsives émanant de centres fixes qu'à leurs actions mutuelles;* dans ce cas, nous n'aurons qu'à réunir les deux résultats précédents. Nous obtiendrons ainsi

$$(147)\quad \begin{cases} \sum(X\,dx + Y\,dy + Z\,dz) = d\sum F(r') + d\sum\Phi(r) \\ \qquad = d\left[\sum F(r') + \sum\Phi(r)\right]; \end{cases}$$

la première somme du second membre se rapporte à toutes les combinaisons de chaque point mobile avec un point fixe, et la seconde à toutes les combinaisons deux à deux des points mobiles entre eux.

Au moyen de cette équation, nous pourrons immédiatement déterminer le travail qui est effectué, pendant un mouvement quelconque du système mobile, par toutes les forces qui agissent sur lui. Si nous distinguons les distances initiales des points de leurs distances finales, en affectant les premières de l'indice o, nous aurons

$$(148)\quad T = \sum F(r') + \sum\Phi(r) - \sum F(r'_0) - \sum\Phi(r_0).$$

Dans ce cas complexe, il suffit donc, pour la détermination du travail, de connaître la position initiale et finale des points, quelle que soit du reste la manière dont ils ont passé de l'une de ces positions à l'autre.

§ XLVI.

POTENTIEL D'UN AGENT SUR UN AUTRE, QU'IL SOIT CONCENTRÉ EN DES POINTS ISOLÉS OU RÉPANDU D'UNE MANIÈRE CONTINUE DANS UN CERTAIN ESPACE.

Nous allons maintenant spécialiser davantage les hypothèses que nous avons faites plus haut, de la même manière que nous l'avons fait aux §§ VI et VII, pour passer de la fonction de force générale à la fonction potentielle. Nous admettrons en conséquence qu'*aux points qui agissent les uns sur les autres, il se trouve certaines quantités d'agents qui exercent et subissent l'action, et qu'en outre, les forces sont inversement proportionnelles au carré de la distance.*

Soient $q, q_1, q_2, \ldots$ (*) les quantités qui se trouvent aux points mobiles $p, p_1, p_2, \ldots$, et $q', q'_1, q'_2, \ldots$ celles qui se trouvent aux points fixes $p', p'_1, p'_2, \ldots$. La force qu'exercent l'une sur l'autre les deux quantités q et q', qui sont distantes l'une de l'autre de r', est représentée par

$$e\frac{qq'}{r'^2},$$

e étant un facteur qui dépend de la nature des agents et des unités choisies. Si nous supposons que tous les agents qui agissent l'un sur l'autre soient de même nature, et qu'il ne se présente entre eux d'autres différences que celles qui peuvent

(*) Nous avons choisi d'autres notations pour les quantités des agents actifs, que pour les masses matérielles qui se trouvent aux mêmes points, et qui ont été désignées par $m, m_1, m_2, \ldots$, parce que les agents qui exercent les forces peuvent être différents des masses qui sont mises en mouvement par ces forces. Si l'on suppose, par exemple, une molecule ponderable chargee d'electricite, on peut imaginer que la force subie par l'electricite met en mouvement, non-seulement l'électricité elle-même, mais aussi la molécule qui en est chargee.

s'exprimer en considérant les quantités en partie comme positives, en partie comme négatives, ce facteur sera le même pour toutes les combinaisons possibles de quantités deux à deux; nous l'avons plus haut distingué, pour ce cas, par la lettre ε.

Nous obtiendrons ainsi, pour la fonction qui représente la force exercée par deux quantités l'une sur l'autre, l'expression

$$f(r') = \varepsilon \frac{qq'}{r'^2};$$

d'où résulte

$$F(r') = -\int f(r')\,dr' = \varepsilon \frac{qq'}{r'}.$$

Si nous formons actuellement la somme $\sum F(r')$ qui entre dans les équations (143) et (144) et que nous désignerons dans ce cas par W', nous aurons

$$W' = \varepsilon \sum \frac{qq'}{r'}; \tag{149}$$

le signe sommatoire s'étend à toutes les combinaisons de l'une des quantités q avec l'une des quantités q', et r' est la distance relative à chacune de ces combinaisons.

La quantité W' *est le potentiel du système des quantités* q' *sur le système des quantités* q. Comme ces quantités entrent tout à fait de la même manière dans l'expression, on peut l'appeler aussi *le potentiel du système des quantités* q *sur celui des quantités* q', ou bien *le potentiel des deux systèmes l'un sur l'autre*.

On peut décomposer cette somme de manière à réunir les termes qui renferment une seule et même quantité du système q, et à en faire des sommes partielles que l'on devra encore ajouter entre elles pour avoir la somme totale. Ces sommes partielles seront, si l'on met en facteur devant le signe sommatoire la quantité qui est commune à tous les termes,

$$\varepsilon q \sum \frac{q'}{r'}, \quad \varepsilon q_1 \sum \frac{q'}{r'_1}, \quad \varepsilon q_2 \sum \frac{q'}{r'_2}, \ldots;$$

les différentes notations des distances r', r'_1, $r'_2, \ldots$ signifient que, dans chaque somme, les distances doivent être comptées à partir du point où se trouve la quantité qui est en facteur devant le signe sommatoire. Or les quantités

$$\varepsilon\sum\frac{q'}{r'},\quad \varepsilon\sum\frac{q'}{r'_1},\quad \varepsilon\sum\frac{q'}{r'_2},\ldots$$

sont les valeurs de la *fonction potentielle* du système des quantités q' aux points où se trouvent les quantités q', q'_1, $q'_2, \ldots$; conformément à la notation précédente, nous les représenterons par V', V'_1, $V'_2, \ldots$, et les sommes partielles s'écriront

$$qV',\quad q_1V'_1,\quad q_2V'_2,\ldots;$$

par là, l'expression du potentiel deviendra

$$W' = \sum qV'. \tag{150}$$

Au lieu de cette expression on peut écrire son analogue que l'on obtient en intervertissant les deux systèmes. On aura ainsi, en représentant par V la fonction potentielle du système des quantités q, au point où se trouve l'une des quantités q',

$$W' = \sum q'V. \tag{150 a}$$

Si les agents qui agissent l'un sur l'autre ne sont pas concentrés en des points isolés et remplissent entièrement des espaces, on devra les décomposer en éléments et remplacer le signe sommatoire par celui de l'intégration. On obtiendra ainsi, au lieu de l'équation (149), la suivante :

$$W' = \varepsilon\int\int\frac{dq\,dq'}{r'}, \tag{151}$$

dans laquelle l'une des intégrales s'étend à tout l'agent q, et l'autre à tout l'agent q'. En introduisant la fonction potentielle de l'un ou de l'autre agent, on obtient

$$W' = \int V'\,dq = \int V\,dq'. \tag{152}$$

§ XLVII.

POTENTIEL D'UN SYSTÈME DE POINTS, QUI SONT DOUÉS D'UN AGENT, SUR LUI-MÊME, OU D'UN AGENT, RÉPANDU D'UNE MANIÈRE CONTINUE DANS UN ESPACE, ÉGALEMENT SUR LUI-MÊME.

Considérons maintenant de la même manière *les forces que les parties constituantes du système mobile exercent l'une sur l'autre.* Si nous nous occupons d'abord du cas où les différentes quantités q, q_1, q_2... de l'agent sont concentrées en des points, il est évident que la somme $\sum \Phi(r)$ qui entre dans l'équation (146), et que nous représenterons actuellement par W, prendra la forme suivante

$$W = \varepsilon \sum \frac{qq_1}{r}; \tag{153}$$

le signe sommatoire s'étend à toutes les combinaisons des quantités q deux à deux, et r désigne leurs distances mutuelles. Cette quantité est *le potentiel du système des points doués des quantités $q, q_1, q_2 \ldots$ sur lui-même.*

Dans le cas où l'agent remplit entièrement un espace, on doit poser

$$W = \frac{1}{2}\varepsilon \int\int \frac{dq\,dq_1}{r}, \tag{154}$$

et l'on devra effectuer la double intégration relativement au même agent. Si V représente la fonction potentielle de l'agent considéré au lieu où se trouve l'un de ses propres éléments dq, l'expression précédente pourra s'écrire

$$W = \frac{1}{2}\int V\,dq. \tag{155}$$

Le facteur $\frac{1}{2}$ qui entre dans ces expressions, quoiqu'il ne se présente pas dans les expressions correspondantes (151) et (152), provient de ce que, dans ce cas, chaque produit de deux éléments dq_m et dq_n entre deux fois dans les intégrales; la première fois dans l'arrangement $dq_m dq_n$, et la seconde fois dans l'arrangement $dq_n dq_m$, tandis qu'il ne doit entrer qu'une fois dans le potentiel.

Outre cette circonstance, il y en a encore une autre à mentionner dans les expressions de W. Parmi les combinaisons en nombre infini de deux éléments, que renferment ces intégrales, il s'en présente aussi de celles qui ne renferment pas deux éléments différents, mais, au contraire, deux fois le même élément. La partie de l'intégrale totale qui correspond à une telle combinaison ne doit pas être prise dans ce sens, que dans l'expression $\frac{dq\,dq}{r}$ l'on doive faire le dénominateur r *absolument égal à zéro;* mais on pourra supposer l'élément dq décomposé de nouveau en un nombre infini de parties, dont chacune est un infiniment petit d'ordre supérieur, et par la combinaison de ces parties entre elles, on pourra former le potentiel de la quantité infiniment petite dq sur elle-même, comme on a formé dans l'expression (154) le potentiel d'une quantité finie sur elle-même. Dans ce potentiel de l'élément dq sur lui-même, il se présentera de nouveau des termes dans lesquels chacune des parties infiniment petites d'un ordre supérieur est combinée avec elle-même. On pourra de nouveau procéder avec un semblable terme comme on l'a fait précédemment avec le terme $\frac{dq\,dq}{r}$, et continuer indéfiniment de la sorte.

Il s'agit maintenant de savoir si cette circonstance, que l'intégrale renferme également les potentiels des différents éléments sur eux-mêmes, est un obstacle à sa détermination, à cause du dénominateur infiniment petit qui entre dans l'expression de ces potentiels; et, dans le cas où il n'en serait pas ainsi, si ces potentiels des différents éléments sur eux-mêmes ont sur la valeur du potentiel total une influence telle, qu'on doive y avoir égard en effectuant l'intégration.

La solution la plus simple de ces deux questions résultera de l'examen de la seconde formule de W donnée sous le numéro (155), parce que la fonction V qui y entre a déjà été traitée complétement plus haut, et que nous n'aurons plus par suite à effectuer les transformations qui seraient nécessaires dans la première formule (154). Il va de soi, que ce qui est vrai de la seconde formule, le sera aussi de la première, puisque l'une exprime identiquement la même fonction que l'autre, sous une forme plus simple.

Nous savons, par ce qui précède, que la fonction potentielle conserve partout une valeur finie, même à l'intérieur de l'espace entièrement rempli par l'agent, et, par suite, l'intégrale $\int V dq$ doit aussi avoir une valeur parfaitement finie et déterminée, ce qui résout la première question. Pour résoudre la seconde, rappelons-nous que, dans l'équation (25), page 21, nous avons mis la fonction potentielle sous la forme suivante, dans laquelle $d\sigma$ est l'élément d'angle solide :

$$V = \varepsilon \int\int kr\,dr\,d\sigma.$$

Sous cette forme, la distance r a non-seulement disparu du dénominateur, mais elle entre même comme facteur. De là résulte que, si autour du point auquel se rapporte la fonction potentielle, et qui est pris dans cette formule pour centre des coordonnées polaires, on suppose décrit un espace fermé infiniment petit, on n'obtiendra qu'une différence infiniment petite dans la valeur de V, que l'on ait égard à la quantité de l'agent renfermée dans cet espace, ou qu'on la néglige. D'après cela, nous pouvons dire également que, dans l'intégrale $\int V dq$, le résultat ne sera affecté que d'une différence infiniment petite, si nous tenons compte, dans la détermination de V, de la quantité dq, ou si nous la négligeons; en supposant qu'on la néglige, c'est-à-dire que dans les différents termes $V dq$, $V_1 dq_1, \ldots, V_n dq_n$, qui entrent dans l'intégrale, les valeurs de $V, V_1 \ldots V_n$ soient déterminées de telle sorte, que l'élément par lequel est multipliée la fonction potentielle n'entre pas dans celle ci, il s'ensuivra que les combinaisons qui renferment deux fois le même élément disparaîtront de l'intégrale.

Puisque, dans la valeur de l'intégrale totale, le résultat n'est affecté que d'une différence infiniment petite, si l'on tient compte des potentiels des différents éléments sur eux-mêmes ou si on les néglige, il s'ensuit que l'on peut parfaitement se dispenser d'y avoir égard.

Il en est tout autrement dans le cas que nous avons examiné au commencement de ce paragraphe, où nous supposions des quantités finies de l'agent concentrées en des points isolés. Dans ce cas, il se produirait une différence essentielle si l'on voulait entendre le potentiel considéré, de telle sorte qu'il renfermât non-seulement les potentiels des différentes quantités les unes sur les autres, mais encore les potentiels des quantités concentrées aux points isolés sur elles-mêmes. Dans cette dernière manière de voir, on arriverait à un potentiel d'une grandeur infinie, et, par suite, si l'on veut conserver une valeur finie, on doit faire abstraction des potentiels des quantités isolées sur elles-mêmes. Mais il s'ensuit alors que la quantité obtenue, que nous avons nommée plus haut « le potentiel du système de points pourvus des quantités q, q_1, q_2,..., sur lui-même », ne doit pas être considérée comme identique avec le potentiel de tout l'agent qui se trouve en ces points, sur lui-même.

Du reste, le cas où des quantités finies d'un agent sont concentrées en des points mathématiques n'est qu'un cas fictif qui ne peut pas se présenter dans la réalité. La dernière distinction que nous avons faite ne sera donc d'aucune application dans l'étude des cas qui se présentent réellement.

§ XLVIII.

APPLICATION DES POTENTIELS A LA DÉTERMINATION DU TRAVAIL.

Les quantités de travail pourront se représenter de la manière suivante à l'aide des potentiels définis dans les paragraphes précédents.

Soit donné un agent dont les parties sont mobiles, que ces parties soient concentrées en des points isolés, ou répandues d'une manière continue dans un espace; si cet agent se meut sous l'influence d'un agent fixe, le travail effectué par les forces exercées par ce dernier pendant le mouvement est représenté par l'accroissement du potentiel de l'agent fixe sur l'agent mobile. Si nous représentons comme plus haut ce potentiel par W' et sa valeur initiale par W'_0, le travail sera

$$W' - W'_0.$$

De même le travail des forces que les parties de l'agent mobile exercent les unes sur les autres est représenté par l'accroissement du potentiel de l'agent mobile sur lui-même; nous avons représenté ce potentiel par W et l'expression du travail précédent sera, par suite,

$$W - W_0.$$

Veut-on enfin considérer les deux espèces de forces, on devra faire usage des deux potentiels à la fois, et on obtiendra pour l'expression du travail

$$W + W' - (W + W')_0.$$

Dans ce cas, le résultat peut encore s'exprimer d'une autre manière. Supposons que nous ayons formé le potentiel de l'agent fixe sur lui-même et représentons-le par W'', la somme $W + W' + W''$ sera le potentiel de l'agent total, c'est-à-dire de l'agent fixe et de l'agent mobile à la fois, sur lui-même. Or, pendant le mouvement de l'agent mobile, le potentiel W'' de l'agent fixe sur lui-même reste invariable, et l'expression du travail ne sera donc pas altérée, si l'on y comprend ce potentiel, et si l'on écrit

$$W + W' + W'' - (W + W' + W'')_0.$$

Si donc l'on considère l'agent fixe et l'agent mobile comme formant un tout, et que l'on cherche le potentiel de ce tout sur lui-même, l'accroissement de ce potentiel représentera le travail de toutes les forces agissantes.

§ XLIX.

AUTRE EXPRESSION DE LA CONDITION D'ÉQUILIBRE.

Il nous reste enfin à ajouter quelques mots sur le rôle que joue le potentiel dans les recherches relatives à l'équilibre.

Nous avons dit plus haut qu'il est nécessaire et suffisant, pour l'équilibre, que pour chaque système de mouvements virtuels le travail total effectué par les forces agissantes soit un infiniment petit d'ordre supérieur ou une quantité négative. Or, si ces forces sont de telle nature, que leur travail soit représenté par l'accroissement d'un potentiel, un décroissement de celui-ci étant considéré comme un accroissement négatif, la condition précédente s'énoncera : *Pour chaque système de mouvements virtuels la variation du potentiel doit être soit un infiniment petit d'ordre supérieur, soit une quantité négative.*

Ici encore, la distinction entre l'équilibre stable et l'équilibre instable résultera de ce que les variations du potentiel qui sont un infiniment petit d'ordre supérieur peuvent être positives ou négatives, c'est-à-dire peuvent consister en un accroissement ou en une diminution du potentiel. Si, pour tous les systèmes de mouvements virtuels, des variations négatives seules du potentiel sont possibles, la valeur du potentiel sera un maximum; s'il ne se présente que des variations positives, elle est un minimum; si enfin les variations sont négatives pour certains systèmes de mouvements virtuels et positives pour d'autres, la valeur du potentiel ne sera ni un maximum, ni un minimum, en général. De là résulte la distinction suivante, relativement à l'état de l'équilibre : le cas où le potentiel est un *maximum* répond à l'équilibre *stable*, le cas où il est un *minimum* répond à l'équilibre *instable*; tandis que, dans les cas où le potentiel n'est ni un maximum ni un minimum, en général l'équilibre n'est ni entièrement stable, ni entièrement instable.

ADDITION I.

DÉMONSTRATION DE L'ÉQUATION (54) DU § XIX.

Il s'agit de déterminer la composante suivant une direction donnée de la force qu'un corps homogène exerce sur un point p. L'équation (54) se rapporte particulièrement à la composante X suivant l'axe des x; mais pour plus de généralité, au lieu de la parallèle menée à l'axe des x par le point p, nous considérerons une droite quelconque l passant par ce point, et nous désignerons par L la composante de la force suivant cette direction. L'équation à démontrer est

$$(a) \qquad \mathrm{L} = -\varepsilon k \int \frac{\cos \nu}{\mathrm{R}}\, d\omega.$$

Dans cette expression, $d\omega$ représente un élément de la surface du corps, R la longueur du rayon vecteur mené de p à $d\omega$, et enfin ν l'angle que la normale élevée vers l'extérieur à l'élément de surface $d\omega$ fait avec la direction de la droite l. L'intégrale doit s'étendre à toute la surface.

Pour démontrer cette équation nous partirons de l'équation (52) donnée au § XIX, et comme il s'agit ici, non de la composante suivant l'axe des x, mais suivant la direction l, nous écrirons cette équation sous la forme

$$(b) \qquad \mathrm{L} = \varepsilon k \int (\mp \mathrm{R}_1 \mp \mathrm{R}_2 \pm \ldots) \cos\theta\, d\sigma.$$

Dans cette expression, $d\sigma$ représente un élément d'angle solide dont le sommet est en p, θ l'angle qu'un rayon vecteur compris dans cet angle solide infiniment petit fait avec la droite l, et R_1, R_2,... les longueurs de ce rayon vecteur aux points où il coupe la surface du corps. Des deux signes dont est affecté R, on prendra le supérieur, si le rayon vecteur en croissant coupe la surface de l'intérieur vers l'extérieur, et l'inférieur dans le cas contraire. L'intégrale doit s'étendre à tout l'angle solide 4π si p est à l'intérieur du corps, et à la portion d'angle solide qui renferme le corps si p est à l'extérieur.

Actuellement, pour exprimer l'élément $d\sigma$, prenons p pour origine d'un système de coordonnées polaires, et la droite l qui passe par p pour axe de ce système; θ sera, comme plus haut, l'angle du rayon vecteur avec l'axe, et nous désignerons par φ l'angle que le plan de ces deux droites fait avec un plan fixe passant par l'axe. L'équation (b) deviendra ainsi

$$(c) \qquad L = \varepsilon k \int\int (\pm R_1 \mp R_2 \pm \ldots) \cos\theta \sin\theta \, d\theta \, d\varpi.$$

Occupons-nous d'abord de l'intégrale relative à θ, que nous représenterons, pour abréger, par J :

$$(d) \qquad J = \int (\pm R_1 \mp R_2 \pm \ldots) \cos\theta \sin\theta \, d\theta.$$

Cette intégrale se rapporte à la courbe suivant laquelle un plan mené par l'axe sous un angle φ, coupe la surface du corps; et il sera utile d'introduire l'élément d'arc ds de cette courbe, au lieu de l'élément d'angle $d\theta$. Si, au point à partir duquel nous comptons la longueur s de l'arc, le rayon vecteur coupe la surface *de l'intérieur vers l'extérieur*, nous ferons croître s dans le même sens que θ, et dans le cas contraire en sens inverse, de sorte que $\frac{d\theta}{ds}$ est positif dans le premier cas, et négatif dans le second. Si la courbe dans son parcours change de direction, de telle sorte que le rayon vecteur la coupe dans un sens contraire au précédent, il s'ensuivra naturellement qu'en ce point $\frac{d\theta}{ds}$ changera aussi de signe. D'après cela, $\frac{d\theta}{ds}$ a toujours le même signe que celui dont doit être affecté, dans l'équation précédente, le rayon vecteur R, mené à cet élément ds; et, par suite, au lieu de $\pm R\,d\theta$, on pourra écrire $R\frac{d\theta}{ds}\,ds$.

En outre, comme à chaque angle élémentaire $d\theta$ correspondent autant d'arcs élémentaires ds qu'il y a de valeurs différentes de R dans l'équation précédente, celle-ci deviendra

$$(e) \qquad J = \int R \cos\theta \sin\theta \frac{d\theta}{ds} ds;$$

dans cette expression R et θ doivent être considérés comme fonctions de s, puisque l'angle φ reste constant dans l'intégration.

Décomposons maintenant l'expression à intégrer en deux facteurs, que nous séparerons par un point, et appliquons l'intégration par parties à cette expression

$$J = \int R \sin\theta . \cos\theta \frac{d\theta}{ds} ds.$$

Comme l'intégrale de $\cos\theta \frac{d\theta}{ds} ds$ est simplement $\sin\theta$, nous aurons, en désignant les limites de R et de θ par R', θ', et R'', θ'',

$$(f) \qquad J = R'' \sin^2\theta'' - R' \sin^2\theta' - \int \sin\theta \frac{d(R\sin\theta)}{ds} ds.$$

Les deux premiers termes de cette expression, ou bien sont nuls séparément, ou bien se détruisent mutuellement. En effet, l'intégration ne doit s'étendre qu'à la partie de la courbe fermée, déterminée par l'intersection du plan avec la surface du corps, qui est située de l'un des côtés de l'axe; car la partie du même plan qui s'étend de l'autre côté de cet axe répond à une valeur de φ qui diffère de 180 degrés de la valeur considérée; il n'y a donc que deux cas possibles relativement aux limites de l'intégrale : 1° si une partie seulement de la courbe est d'un côté de l'axe, les deux extrémités de cette portion seront sur l'axe lui-même : les valeurs limites θ' et θ'' de l'angle θ sont donc 0 ou π; par suite $\sin\theta'$ et $\sin\theta''$ sont nuls et les deux premiers termes avec eux ; 2° si toute la courbe fermée est du même côté de l'axe, ses deux extrémités coïncident : les valeurs limites de R et de θ sont donc égales entre elles, et les deux premiers termes se détruisent. Il peut se faire aussi que ces deux cas se présentent en même temps, ou que l'un d'entre eux se répète plusieurs fois, puisque l'intersection de la surface du corps par un plan peut se composer de plusieurs courbes fermées; mais cela ne changera rien au résultat précédent, quant à la disparition des deux premiers termes. Il ne nous reste donc qu'à considérer le dernier, que nous mettrons sous la forme suivante, en multipliant et divisant par R sous le signe :

$$(g) \qquad J = -\int \frac{R\sin\theta \dfrac{d(R\sin\theta)}{ds}\, ds}{R}.$$

Pour obtenir l'expression complète de L, nous devons encore, conformément à l'équation (c), multiplier l'expression précédente par $d\varphi$ et l'affecter du second signe d'intégration et du facteur εk. Nous aurons ainsi

$$(h) \qquad L = -\varepsilon k \int\int \frac{R\sin\theta \dfrac{d(R\sin\theta)}{ds}\, ds\, d\varphi}{R}.$$

Le numérateur de la fraction qui se trouve sous le signe intégral a une signification géométrique très-simple. Le produit $R\sin\theta$ est la projection du rayon vecteur R sur un plan perpendiculaire à l'axe; le numérateur tout entier sera donc en valeur absolue la projection sur ce même plan de l'élément de surface qui répond aux éléments ds et $d\varphi$; cette projection, abstraction faite du signe, est représentée par $\cos\nu\, d\omega$, si nous désignons, comme plus haut, par $d\omega$ l'élément de surface, et par ν l'angle que sa normale fait avec l'axe. Il nous reste à examiner la question de signe; or, si l'on se rappelle ce que nous avons dit relativement au sens dans lequel s est regardé comme croissant, on en conclura aisément que la quantité $\dfrac{d(R\sin\theta)}{ds}$, qui peut seule changer de signe dans le numérateur précédent, est toujours de même signe que $\cos\nu$; je répéterai, à ce sujet, que la normale à laquelle se rapporte l'angle ν est toujours dirigée de l'intérieur vers l'extérieur du corps. On peut donc écrire

$$R \sin\theta \frac{d(R\sin\theta)}{ds} ds\, d\varphi = \cos\nu\, d\omega,$$

et par suite l'équation précédente se transformera en celle (a) que nous avions à démontrer :

$$L = -\varepsilon k \int \frac{\cos\nu}{R} d\omega.$$

ADDITION II.

DÉMONSTRATION DU THÉORÈME ÉNONCÉ AU § XXVII, PAGE 74.

Soit donnée une courbe plane fermée. Prenons son plan pour plan des xy dans un système de coordonnées rectangulaires. Soit, en outre, donné un point p dans l'espace, de coordonnées x, y, z; et une perpendiculaire abaissée de ce point sur le plan. Considérons un point quelconque de la courbe, de coordonnées ξ' et η'; soit R sa distance au point p, et U le rayon vecteur mené du pied de la perpendiculaire au même point de la courbe. Si, en ce point et dans le plan de la courbe, nous lui élevons une normale vers l'extérieur, nous désignerons par α' le cosinus de l'angle que cette normale fait avec l'axe des x, et par i' le cosinus de l'angle qu'elle fait avec le prolongement du rayon vecteur U. Enfin, si nous représentons par ds un élément de la courbe au point considéré, nous aurons à démontrer l'équation suivante :

$$(a) \qquad \int \left[\frac{(R^2 + z^2)(\xi' - x)}{RU^3} i' - \frac{z^2}{RU^2} \alpha' \right] ds = 0,$$

dans laquelle l'intégrale doit s'étendre à toute la courbe fermée.

Posons, pour abréger,

$$(b)\qquad \begin{cases} P = \dfrac{(R^2+z^2)(\xi'-x)}{RU^3}\,i', \\[2ex] Q = \dfrac{z^2}{RU^2}\,\alpha', \end{cases}$$

l'équation à démontrer sera

$$(c)\qquad \int (P-Q)\,ds = 0.$$

Soit φ l'angle que le rayon vecteur U fait avec l'axe des x, et $d\varphi$ l'élément de cet angle correspondant à l'arc élémentaire ds; on voit aisément, comme nous l'avons déjà posé dans l'équation (88), § XXVI, que

$$i'\,ds = \pm U\,d\varphi.$$

On prendra le signe supérieur ou l'inférieur, si ds et $d\varphi$ sont tous deux considérés comme positifs, selon que i' sera positif ou négatif, c'est-à-dire selon que le rayon vecteur U en croissant coupe le périmètre de l'intérieur vers l'extérieur ou *vice versâ*. Mais si l'on admet qu'en parcourant la courbe dans un même sens, à partir d'un certain point, l'arc s aille toujours en croissant, le coefficient différentiel $\dfrac{d\varphi}{ds}$ pourra être aussi bien positif que négatif, et il changera de signe aux mêmes points de la courbe que le cosinus i'. Si l'on fait donc croître s dans un sens tel que le coefficient différentiel $\dfrac{d\varphi}{ds}$ ait en un point de la courbe le même signe que i', ces deux quantités auront le même signe en tous les points, et, par suite, on n'aura qu'à employer le signe supérieur dans l'équation précédente, que nous écrirons sous la forme

$$(d)\qquad i' = U\,\frac{d\varphi}{ds}.$$

En outre $\alpha'\,ds$ représente, abstraction faite du signe, l'accroissement que subit l'ordonnée η' d'un point mobile sur la courbe, tandis que celui-ci parcourt l'arc élémentaire ds. Or, comme on a la relation

$$\eta' - y = \mathrm{U}\sin\varphi,$$

dans laquelle y représente, d'après ce qui précède, une quantité donnée par la position du point p, il en résulte

$$d\eta' = d(\mathrm{U}\sin\varphi),$$

et, par suite, on peut écrire

$$\alpha'\, ds = \pm\, d(\mathrm{U}\sin\varphi).$$

Quant au signe, il est facile de voir par de simples considérations géométriques, que l'on doit également faire usage du signe supérieur dans cette équation, si l'arc s croît dans le même sens que précédemment; nous aurons donc

$$(e) \qquad \alpha' = \frac{d(\mathrm{U}\sin\varphi)}{ds}.$$

Si nous substituons dans les équations (b) les valeurs de i' et de α' données par (d) et (e), et si nous remplaçons en même temps $\xi' - x$ par sa valeur $\mathrm{U}\cos\varphi$, nous obtiendrons

$$\mathrm{P} = \frac{\mathrm{R}^2 + z^2}{\mathrm{RU}} \cos\varphi \frac{d\varphi}{ds},$$

$$\mathrm{Q} = \frac{z^2}{\mathrm{RU}^2} \frac{d(\mathrm{U}\sin\varphi)}{ds},$$

$$= \frac{z^2}{\mathrm{RU}^2} \sin\varphi \frac{d\mathrm{U}}{ds} + \frac{z^2}{\mathrm{RU}} \cos\varphi \frac{d\varphi}{ds},$$

et, par suite,

$$(f) \qquad \mathrm{P} - \mathrm{Q} = \frac{\mathrm{R}}{\mathrm{U}} \cos\varphi \frac{d\varphi}{ds} - \frac{z^2}{\mathrm{RU}^2} \sin\varphi \frac{d\mathrm{U}}{ds}.$$

Les deux termes du second membre peuvent être transformés en un seul coefficient différentiel. En effet on a

$$\mathrm{R} = \sqrt{\mathrm{U}^2 + z^2};$$

et comme z est indépendant de s, on en déduit

$$\frac{dR}{ds} = \frac{U}{R}\frac{dU}{ds},$$

et, par suite,

$$\frac{d\left(\frac{R}{U}\right)}{ds} = \frac{1}{R}\frac{dU}{ds} - \frac{R}{U^2}\frac{dU}{ds} = \frac{U^2 - R^2}{RU^2}\frac{dU}{ds} = -\frac{z^2}{RU^2}\frac{dU}{ds}.$$

En faisant usage de cette relation dans le dernier terme du second membre de l'équation (f), et remplaçant dans le premier $\cos\varphi \frac{d\varphi}{ds}$ par $\frac{d\sin\varphi}{ds}$, on obtiendra

$$P - Q = \frac{R}{U}\frac{d\sin\varphi}{ds} + \sin\varphi \frac{d\left(\frac{R}{U}\right)}{ds},$$

ou, en réduisant,

$$(g) \qquad P - Q = \frac{d\left(\frac{R}{U}\sin\varphi\right)}{ds}.$$

Par là l'intégrale que renferment les équations (c) et (a) prend simplement la forme

$$\int \frac{d\left(\frac{R}{U}\sin\varphi\right)}{ds}\,ds.$$

Cette intégration peut s'effectuer immédiatement, et donne, si nous désignons les limites de l'intégrale par les indices 0 et 1,

$$\left(\frac{R}{U}\sin\varphi\right)_1 - \left(\frac{R}{U}\sin\varphi\right)_0.$$

Pour une courbe fermée le point initial et le point final de l'arc coïncident; par suite, les deux valeurs limites sont égales et se détruisent; l'équation (a) se trouve donc démontrée.

FIN.

LIBRAIRIE DE GAUTHIER-VILLARS,
SUCCESSEUR DE MALLET-BACHELIER,
QUAI DES GRANDS-AUGUSTINS, 55, A PARIS.

BULLETIN
DES SCIENCES MATHÉMATIQUES
ET ASTRONOMIQUES;

RÉDIGÉ PAR M. G. DARBOUX,
AVEC LA COLLABORATION DE MM. HOÜEL ET LOEWY,
SOUS LA DIRECTION DE LA COMMISSION DES HAUTES ETUDES.

Commission des Hautes-Études.

Président, M. *Chasles.*
Membres du Comité, MM. *J. Bertrand, Delaunay, Puiseux, J.-A. Serret.*

Cette publication, exclusivement consacrée aux Mathématiques et à l'Astronomie, comprend trois Parties principales : 1° *comptes rendus de Livres;* 2° *analyses de Mémoires;* 3° *traductions de Mémoires importants et peu répandus,* et *Mélanges scientifiques.*

« Faire connaître aux savants l'état de la branche des sciences qu'ils cul- » tivent, ce qu'il reste à faire, et le point d'où ils doivent partir s'ils veulent » lui faire faire des progrès » ; tel était le but que s'était proposé M. de Férussac en fondant son *Bulletin,* qui a rendu pendant plusieurs années de si grands services aux Géomètres.

Le nouveau *Bulletin des Sciences mathématiques et astronomiques* se rattache directement, par le but et le plan, à cette utile publication. Il sera accueilli, nous l'espérons, avec la même faveur que son devancier.

Le **Bulletin des Sciences mathématiques et astronomiques** paraît chaque mois et forme par an un volume grand in-8 de 25 feuilles, avec figures dans le texte.

Les abonnements sont annuels et partent de janvier.

Prix pour un an (12 numéros):

Paris	15 fr.
Départements et Algérie	17
Angleterre, Allemagne, Belgique, Espagne, États-Romains, Italie, Luxembourg, Pays-Bas, Suisse, Turquie	18
Amérique du Nord, Chine, Cochinchine, Grèce	19
Amérique du Centre, Brésil, Chili, Pérou, Moldavie, Norvége.	20

Paris. — Imprimerie de GAUTHIER-VILLARS, rue de Seine-Saint-Germain, 10, pres l'Institut.

Printed in Dunstable, United Kingdom

91220019R00090